生态环境损害

鉴定评估理论及实例剖析

SHENGTAI HUANJING SUNHAI

JIANDING PINGGU LILUN JI SHILI POUXI

罗隽　杨慧珠　黄道建　陈朋龙　白雪原　梁明易 等/著

U0252106

中国环境出版集团·北京

图书在版编目（CIP）数据

生态环境损害鉴定评估理论及实例剖析/罗隽等著.
—北京：中国环境出版集团，2022.11（2024.3 重印）
ISBN 978-7-5111-5355-5

Ⅰ．①生⋯　Ⅱ．①罗⋯　Ⅲ．①环境生态评价
Ⅳ．①X826

中国版本图书馆 CIP 数据核字（2022）第 176834 号

出　版　人　武德凯
责任编辑　宋慧敏
封面设计　岳　帅

出版发行　**中国环境出版集团**
　　　　　（100062　北京市东城区广渠门内大街 16 号）
　　　　　网　　　址：http://www.cesp.com.cn
　　　　　电子邮箱：bjgl@cesp.com.cn
　　　　　联系电话：010-67112765（编辑管理部）
　　　　　发行热线：010-67125803，010-67113405（传真）
印　　刷　北京盛通印刷股份有限公司
经　　销　各地新华书店
版　　次　2022 年 11 月第 1 版
印　　次　2024 年 3 月第 2 次印刷
开　　本　787×960　1/16
印　　张　11
字　　数　185 千字
定　　价　55.00 元

中国环境出版集团郑重承诺：
中国环境出版集团合作的印刷单位、材料单位均具有中国环境标志产品认证。

前　言

　　近年来，生态破坏或环境污染事件损害公私权益的情况不断发生。除部分突发环境污染事件外，越来越多的不法企业甚至个人因盲目追求利润而铤而走险，导致生态环境遭到不同程度的破坏。其中，有的直接造成大气、水体、土壤等各类生态环境损害，有的对生态环境造成长期、慢性或不可逆损害，严重的环境损害事件甚至会造成人身损害及财产损失，从而影响社会稳定和谐及人民的生活安宁。

　　党的十八大以后，生态文明建设成为国家的发展战略，生态环境损害赔偿制度作为生态文明制度体系的重要组成部分，受到高度重视。2013 年 5 月 24 日，习近平总书记在十八届中央政治局第六次集体学习时的讲话中指出："只有实行最严格的制度、最严密的法治，才能为生态文明建设提供可靠保障。最重要的是要完善经济社会发展考核评价体系，把资源消耗、环境损害、生态效益等体现生态文明建设状况的指标纳入经济社会发展评价体系，使之成为推进生态文明建设的重要导向和约束。要建立责任追究制度，对那些不顾生态环境盲目决策、造成严重后果的人，必须追究其责任，而且应该终身追究。"

　　党的十八届三中全会通过的《中共中央关于全面深化改革若干重大问题的决定》明确提出对造成生态环境损害的责任者严格实行赔偿制度。党的十九届六中全会通过的《中共中央关于党的百年奋斗重大成就和历史经验的决议》指出："必须坚持绿水青山就是金山银山的理念，坚持山水林田湖草沙一体化保护和系统治理，像保护眼睛一样保护生态环境，像对待生命一样对待生态环境，更加自觉地推进绿色发展、循环发展、低碳发展，坚持走生产发展、生活富裕、生态良好的文明发展道路。"对涉及环境污染及生态破坏的行为，需从整体出发，从有机生命体的角度进行全面判定、评估。

生态环境损害鉴定评估是按照规定的程序和方法，综合运用科学技术和专业知识，调查污染环境或破坏生态行为与生态环境损害情况，分析污染环境或破坏生态行为与生态环境损害间的因果关系，评估污染环境或破坏生态行为所致生态环境损害的范围和程度，确定生态环境恢复至基线并补偿期间损害的恢复措施，量化生态环境损害数额的过程。开展生态环境损害鉴定评估工作是加大环境违法惩处力度、解决当前生态环境损害"违法容易守法难"的问题、打破"企业污染、群众受害、政府买单"困局的重要方式，也为法院判决环境违法案件提供定量依据。

目前，我国评估机构使用的生态环境损害鉴定评估方法不一，鉴定技术水平参差不齐，导致鉴定结果存在一定的不确定性，难以为生态环境损害赔偿磋商和司法审判工作的顺利开展提供有效支撑和可靠依据。本书旨在综合分析实践过程中的各类生态环境损害鉴定评估案件，梳理各类型案件的关键技术与评估难点，为完善我国复杂多样的生态环境损害案件的鉴定评估方法提供参考。

罗隽

2022 年 11 月

目 录

第1章

生态环境损害鉴定评估概述

1.1 生态环境损害鉴定评估在国内外的发展历史及现状

工业革命以来，人类社会不断发展，社会生产力与农耕时期相比空前增长。在人类谋生存求发展的漫漫进程中，往往离不开自然界提供的资源和环境服务。然而，由于缺乏对人与自然之间关系的科学认识，人们在不断扩大生产的过程中，对资源环境的肆意掠夺、野蛮开采、无尽利用和无序破坏等行为，造成了自然资源的急剧消耗和生态环境的日益恶化，制约着人类自身的生存与发展，人与自然的关系空前紧张。

进入 20 世纪以来，随着工业化、城镇化水平的提升，污染物种类和数量快速增加，环境污染及生态破坏损害公私权益的情况不断发生，事件影响范围、程度不断扩大。国际上的大型生态环境破坏事件（如日本水俣病事件、苏联切尔诺贝利核泄漏事故、印度博帕尔毒气泄漏等）均对生态环境和人类健康造成了严重而深远的危害。此外，这些事件触发的一系列环境损害权益纠纷、矛盾日益凸显，如对社会公私财产的威胁和损失，严重影响着社会的稳定和发展，成为目前全社会普遍关注的问题。

随着环境事故的频繁出现，人类的环保意识觉醒，世界各国开始探索生态环境损害赔偿制度。

生态环境损害是指因污染环境、破坏生态造成大气、地表水、地下水、土壤、森林等环境要素和植物、动物、微生物等生物要素的不利改变，以及上述要素构成的生态系统功能退化。生态环境损害赔偿的实质就是针对具体的环境污染或生态破坏事件对人身、财产、生态资源所造成的损害进行定量评估，追究污染者的生态环境损害责任，使其承担治理、修复或赔偿生态环境损害的责任。相关工作通常具有涉及要素多、波及范围广、影响因素复杂、作用机制多样等特点，其科学、合理、有效的开展需要依托于系统的制度指导，在法律、技术、监管以及资金保障等方面制定相关的规范与要求。因此，生态环境损害鉴定评估及赔偿制度的建立、发展和完善经历了漫长的过程。

20 世纪六七十年代，世界各国开始探索生态环境损害鉴定与赔偿。发达国家大都采取了有针对性的立法，就社会广泛关注的环境损害类型进行专门规制，逐步建立了系统的环境污染损害鉴定评估制度运行体系。我国的生态环境损害赔偿制度起步较晚，目前仍处于发展阶段。但经过多年的发展，目前已逐渐形成具备我国特色的生态环境损害赔偿模式。

1.1.1 国外生态环境损害赔偿制度的发展历史与现状

最早尝试建立生态环境损害赔偿制度的国家或地区包括美国、德国、加拿大、欧盟等。生态环境损害赔偿制度在美国被称为自然资源损害制度，目前已形成以《清洁水法》（Clean Water Act，CWA）、《综合环境反应、赔偿和责任法》（Comprehensive Environmental Response, Compensation, and Liability Act，CERCLA，又称《超级基金法》）、《石油污染法》（Oil Pollution Act，OPA）为核心的、较为完善的自然资源损害赔偿制度[1]。

美国自然资源损害赔偿制度最初的探索基本建立在传统侵权法的框架上，经历了从普通法到制定法的发展过程[2,3]。过去自然资源仅被视作经济资源，除作为财产权客体（即环境资产）具有使用价值之外，不具备其他价值。在此观念下，传统侵权法对可赔偿的自然资源损害的主要关注点集中于财产损失、人身伤害和经济赔偿，却忽略了自然资源本身的损害。随着资源短缺、人类环保意识的普遍提高，人类逐渐意识到经济价值的减少远不能涵盖自然资源损害的全部内容，自然资源还有提供环境容量、文化等诸多不可替代的功能，既存在使用价值，也存在非使用价值。正是因为传统侵权法的这一缺陷，20 世纪 70 年代起，美国开始了对自然资源损害进行赔偿的探索。

针对自然资源类损害事件，美国早期的探索通过制定法确定了自然资源的可赔偿性、责任主体和索赔主体。1972 年颁布的《国家海洋禁猎法》（National Marine Sanctuaries Act，NMSA）是联邦制定法中最早规定可对自然资源损害进行民事赔偿的法律，该法律为海洋环境的保护建立了一种特别的联邦层面上的保护程序。1973 年颁布的《跨阿拉斯加输油管道授权法》（Trans-Alaska Pipeline Authorization Act，TAPAA）规定对任何适格的管道的所有者，以及从输油管道输油的油轮的所有者或经营者实行严格责任，其对损害承担相应赔偿责任，但 TAPAA 未规定赔偿金额估测方法及同人类使用完全不相干的资源是否也在修复之列。1974 年颁布的《深水港法》（Deepwater Ports Act，DPA）规定，船舶拥有者须就清除费用和深水港船舶油泄漏引起的自然资源损害承担严格责任；同时，赋予交通部代表公众托管海洋环境中的自然资源并就损害求偿的权利，相比 TAPAA，DPA 扩大了索赔主体，并规定赔偿金须用于修复自然资源。1978 年颁布的《外大陆架土地法》（Outer Continental Shelf Lands Act，OCSLA）修正案规定，政府应当就由于油类泄漏引起的经济损失（其中包括"对自然资源的损害、破坏"及其损失的使用价值）得到赔偿，所得到的损害赔偿金不限于用来重建和复原该自然资源。

然而，以上 4 部法律仅确定了特定情形下自然资源的可赔偿性、赔偿责任主体和索赔主体，但对损害的认定方法、赔偿范围、评估方法等尚没有明确的规定。其中赔偿范围即确定自然资源的哪些损失及其产生的哪些费用可以得到赔偿，作为自然资源损害赔偿制度的核心，决定着赔偿是否全面、合理。

随后相继颁布的《清洁水法》（CWA，1977 年）、《综合环境反应、赔偿和责任法》（CERCLA，1980 年）、《石油污染法》（OPA，1990 年）则推进了这一核心构成的发展，不仅规定了自然资源损害赔偿的责任主体、索赔主体，还确定了赔偿范围以及具体的适用情形，基本涵盖了各种物质对所有环境介质造成的损害，构建了美国自然资源损害评估的基本框架体系。其中，赔偿范围除了包括常规的修复费用（将资源修复至损害前的状态的费用，或其提供服务的等价物的费用）之外，还进一步考虑了过渡期损失，弥补了在修复期间资源提供的服务的流失效用，保障了对自然资源使用价值和非使用价值的全面赔偿。

《清洁水法》在立法中首度认可赔偿环境损害中超过市场价值损失的部分，主要规定了石油或其他危险物质泄漏导致水体、邻近岸线区域或毗连区发生污染的情形下的自然资源损害赔偿，是美国在20世纪80年代处理石油和危险废物泄漏污染水体相关事件的重要法律依据。但该法没有关于过渡期损失的明确规定，也没有规定确定损害的方法和途径。

《综合环境反应、赔偿和责任法》显著扩大了自然资源损害赔偿评估的适用范围，几乎涵盖了除石油外的全部物质对任何环境介质的损害，比较明确地承认了对非使用价值的赔偿。该法仍未规定明确的损害评估方法，而是授权内政部发布了自然资源损害评估规则（DOI规则），DOI规则确立了"较少原则"和以市场价值评估法为主的评估方法。

受1989年"埃克森·瓦尔迪兹"号油轮泄漏事故的影响，美国国会迅速通过并签署了1990年《石油污染法》，以统一分散的石油污染立法。该法将修复措施的费用而非资源减少的市场价值作为评估公共自然资源损失和效用流失的标尺。该法最大的特点是规定损害赔偿明确分为三部分：①重建、复原、更换或取得受损自然资源的类似等价物的成本；②在进行重建期间自然资源价值的减少；③评估这些损害赔偿的费用。同时授权国家海洋与大气管理局制定石油污染造成的自然资源损害评估规则（NOAA规则），从而与DOI规则构成了美国自然资源损害评估的两套系统，规定了自然资源损害评估程序，标志着美国自然资源损害赔偿制度初步建立。

在上述法案与规则逐步制定、修订完善与实施实践中，美国构建了较为系统的自然资源损害评估框架。与其他国家相比最大的不同在于看到了自然资源的特殊性[4]，规定了赔偿范围不局限于环境的重建成本，而且对环境的非经济价值也要求进行赔偿。美国制定法自然资源损害赔偿制度的构成如表1-1所示。

此外，20世纪70年代中后期以来，德国、加拿大[4, 5]也开始了对自然资源损害赔偿制度的探索。德国于1990年颁布的《环境责任法》规定的赔偿内容仅限于财产权下的自然资源损害，而公共自然资源的损害不在赔偿范围内。随后制定的《环境法典草案》试图填补公共自然资源赔偿的空白，但至今该草案还未通过。与《环境责任法》构成整体框架，解决环境纠纷的方式主要是诉讼。而加拿大是较早

表 1-1　美国制定法自然资源损害赔偿制度的构成

法律	适用情形	责任主体	索赔主体	赔偿范围
《跨阿拉斯加输油管道授权法》	—	管道、输油油轮的所有者或经营者	—	—
《深水港法》	—	—	交通部	—
《外大陆架土地法》	—	—	政府	—
《清洁水法》	石油或其他危险物质泄漏导致水体、邻近岸线区域或毗连区发生污染	油船的所有或直接管理者、负责人或潜在责任人	总统或州授权代表	修复或替代修复的费用
《综合环境反应、赔偿和责任法》	除石油外的其他物质导致的任何环境介质损害	不动产/设备所有人或经营者、有害物质处理者和运输者	美国政府、州政府；公民有诉讼权	清除污染费用、调查评估费用、整治费用
《石油污染法》	任何移动的或固定的物体排放石油导致水体、海岸发生损害	船舶、设施、土地的所有者、运营者或潜在责任方		修复或替代修复费用、评估费用以及自然资源修复期间生态环境功能的损失或生态环境功能永久性损害造成的损失

以立法形式建立自然资源损害赔偿制度的国家，其在赔偿主体的设定上有鲜明特色。1999 年颁布的《加拿大环境保护法》规定个人除了在其所有的自然资源受损时可以提出诉讼外，当政府未能对环境损害行为做出及时合理的反应时，个人也可以向法院提出诉讼请求。随后颁布的《加拿大渔业法》《加拿大船舶法》等都有与自然资源损害赔偿相关的条款。

除各国对自然资源损害赔偿的探索外，欧盟[5]作为区域国际组织也对其进行了摸索和推进。欧盟以 2004 年颁布的《关于预防和补救环境损害的环境责任指令》（以下简称《指令》）为核心，建立了自然损害赔偿制度的基本框架。要求各成员国依照《指令》规定，修改各自的国内法，增加对受损生态环境进行恢复治理的内容。《指令》界定了环境损害概念及范围，规定了责任主体、类型、形式、诉讼途径等，构建了一套环境损害民事责任体系。在生态损害评估方面，《指令》

除了承认修复费用之外，还确定了过渡期损失的可赔偿性[6]。以实物恢复为主要内容，推荐采用资源等值分析法，将评估程序分为 5 个阶段，一是初始评估期，二是损害量化确定期，三是增益量化确定期，四是确定补充和补偿性措施的规模期，五是评估监测期。该方法吸收了美国评估方法的经验，与美国方法相比更注重对环境损害的量化确定，且对量化指标规定更为详细，更具有可操作性，对环境损害的救济更为全面和具体。

1.1.2　国内生态环境损害赔偿制度的发展历史与现状

　　改革开放以来，我国经济实现了腾飞，但在改革开放的初期，粗放型经济发展走的是以牺牲环境为代价的道路。较长时期内，我国生态环境面临巨大的压力，各地安全事件频发，生态环境问题对可持续发展的制约越发明显。面对广大人民群众对环境污染治理的广泛重视、对美好生态环境的迫切渴求，为维护受害人受损的人身权利、修复受损的生态环境，我国近年开始了对生态环境损害赔偿的探索。

　　在我国早期法律体系中，《中华人民共和国民法通则》《中华人民共和国侵权责任法》《中华人民共和国民事诉讼法》等民事实体法与程序法，以及《中华人民共和国环境保护法》《中华人民共和国水污染防治法》等各类环境法为我国的生态环境损害赔偿制度发展奠定了基础。其中，各类环境单行法对环境污染损害民事责任、赔偿方式等进行了规定[7]，但仍缺乏对生态环境损害的定义，对生态环境损害赔偿制度的具体责任、执行程序、赔付方式等的明确规定以及专门的立法[8]，没有规定"谁污染、谁负担"，生态环境损害赔偿纠纷行政处罚偏轻、民事救助途径单一。这些问题造成了"企业污染、群众受害、政府买单"的困境。

　　为此，2005 年 11 月，国家环境保护总局印发了《"十一五"全国环境保护法规建设规划》（环发〔2005〕131 号），进一步明晰环境侵权的民事责任，将"环境污染损害赔偿法""环境污染损害评估办法""跨界环境污染损害赔付补偿办法"等列入环保法规建设规划任务清单。同年 12 月，国务院出台了《国务院关于落实科学发展观加强环境保护的决定》（国发〔2005〕39 号），提出"要抓紧拟订有关……环境损害赔偿……等方面的法律法规草案"。由此推动了我国在生态环境损害赔偿方面的立法进程[9, 10]。

　　2009 年 12 月，《中华人民共和国侵权责任法》经审议通过，进一步修订了

《中华人民共和国民法通则》的规定，主要规制了环境污染侵权责任的判定要件、承担方式和免责事由，明确规定了环境损害的举证责任和赔偿制度，特别规定了核污染等特大环境污染事故的侵权责任。然而，与国外情形类似，该侵权责任侧重于污染环境和破坏生态行为导致的财产损失和人身伤害，也忽略了对生态环境本身造成的损害即生态环境损害。2013 年 11 月通过的《中共中央关于全面深化改革若干重大问题的决定》明确提出对造成生态环境损害的责任者严格实行赔偿制度，标志着我国从政策层面开始全面推进生态环境损害赔偿制度改革，不断提出、完善各项政策、改革方案、评估技术指南等。

环境保护部于 2011 年发布《环境污染损害数额计算推荐方法（第 I 版）》，首次提出自环境污染起始至修复期间对环境本身及其服务功能的损害进行计算赔偿；于 2014 年发布《环境损害鉴定评估推荐方法（第 II 版）》和《突发环境事件应急处置阶段环境损害评估推荐方法》，进一步完善了虚拟成本治理法的适用情形，为规范生态环境损害鉴定评估管理制度和工作程序提供了依据。2015 年，中共中央办公厅、国务院办公厅印发了《生态环境损害赔偿制度改革试点方案》，以期利用试点的方式逐步明确生态环境损害赔偿范围、责任主体、索赔主体和损害赔偿解决途径等，形成相应鉴定评估管理与技术体系、资金保障及运行机制，从而完善生态环境损害赔偿的相关内容；随后，2016 年，中央全面深化改革领导小组第二十七次会议审议通过了《关于在部分省份开展生态环境损害赔偿制度改革试点的报告》，同意在吉林、江苏等 7 个省市开展生态环境损害赔偿制度改革试点。为配合试点工作、规范生态环境损害鉴定评估工作，环境保护部于 2016 年印发了《生态环境损害鉴定评估技术指南　总纲》《生态环境损害鉴定评估技术指南　损害调查》两部重要指南。

2017 年，中共中央办公厅、国务院办公厅联合印发了《生态环境损害赔偿制度改革方案》。从 2018 年起，生态环境损害赔偿制度在全国范围内试行，规定国家建立健全统一的生态环境损害鉴定评估技术标准体系。2017 年，环境保护部印发的《关于生态环境损害鉴定评估虚拟治理成本法运用有关问题的复函》（环办政法函〔2017〕1488 号）解决了虚拟治理成本法的适用范围、治理成本等问题。随后发布的《生态环境损害鉴定评估技术指南　土壤与地下水》《生态环境损害鉴定评估技术指南　地表水与沉积物》等系列文件基本实现了全要素覆盖，为生态环境损害赔偿提供了技术支撑。

2020 年 12 月，生态环境部为贯彻《生态环境损害赔偿制度改革方案》和有关法律、法规，保护生态环境，保障公众健康，规范生态环境损害鉴定评估工作，发布了《生态环境损害鉴定评估技术指南　总纲和关键环节　第 1 部分：总纲》（GB/T 39791.1—2020）、《生态环境损害鉴定评估技术指南　总纲和关键环节　第 2 部分：损害调查》（GB/T 39791.2—2020）、《生态环境损害鉴定评估技术指南　环境要素　第 1 部分：土壤和地下水》（GB/T 39792.1—2020）、《生态环境损害鉴定评估技术指南　环境要素　第 2 部分：地表水和沉积物》（GB/T 39792.2—2020）、《生态环境损害鉴定评估技术指南　基础方法　第 1 部分：大气污染虚拟治理成本法》（GB/T 39793.1—2020）、《生态环境损害鉴定评估技术指南　基础方法　第 2 部分：水污染虚拟治理成本法》（GB/T 39793.2—2020）等 6 项标准，以替换之前的相关文件和标准。

此次发布的 6 项标准是贯彻落实中央改革部署的重要措施，是初步构建生态环境损害鉴定评估技术标准体系的重要标志，有助于进一步规范生态环境损害鉴定评估工作，为深入推进生态环境损害赔偿制度改革提供技术保障，为环境管理、司法审判等相关工作提供技术支撑。

相比国外从普通法到制定法的发展，我国主要通过对典型案例的研究以及配套制度的制定，在法律上明确了生态环境损害赔偿的责任范围和承担方式，从实体权利上对部分情形的损害确定了行政机关的生态环境索赔权，在部分省（自治区、直辖市）基本建立了生态环境损害赔偿制度体系，形成了相应的鉴定评估管理和技术体系、资金保障和运行机制。但生态环境损害赔偿制度是一项涵盖追责情形、赔偿范围、索赔主体、职责分工、责任人范围、责任承担、调查与磋商、鉴定评估、诉讼程序、执行监督、资金管理等实体和程序体系的改革制度，为了构建符合我国国情的生态环境损害鉴定评估法律、技术、监管和资金保障体系，需要综合其他国家的实践经验，因势利导，针对当前主要环境矛盾，健全完善相关立法及规范文件。

1.2　鉴定评估依据

生态环境损害鉴定评估的依据主要包括法律法规、中央文件、地方文件、司法解释及标准规范 5 类[11]。

法律法规包括《中华人民共和国民法典》《中华人民共和国环境保护法》等 4 部基本法与《中华人民共和国大气污染防治法》等 8 部单行法。《中华人民共和国民法典》明确了民事侵权责任中的"生态破坏责任",为促进环境保护、加快生态治理、推进生态文明建设法治化提供了法治保障。《中华人民共和国环境保护法》规定了可提起诉讼的环境事件类型及可提起诉讼的社会组织条件。《中华人民共和国民事诉讼法》《中华人民共和国行政诉讼法》对有关社会组织、人民检察院可提起诉讼的情况与范围进行了规定。《中华人民共和国大气污染防治法》等 8 部单行法分别规定了大气、水、土壤、噪声、固体废物、野生动物、放射性、海洋方面的侵权、赔偿原则和评估方法。

中央文件包括中共中央办公厅、国务院办公厅印发的《生态环境损害赔偿制度改革方案》,财政部《关于印发〈生态环境损害赔偿资金管理办法(试行)〉的通知》,环境保护部《关于印发〈突发环境事件应急处置阶段污染损害评估工作程序规定〉的通知》、《关于开展环境污染损害鉴定评估工作的若干意见》等,对可追究生态环境损害赔偿责任的情况、赔偿范围、赔偿资金管理、突发环境应急处置阶段损害评估工作及环境损害评估的指导思想、工作原则和工作目标等进行了详细阐述。

地方文件主要是由各地区在生态环境损害评估工作实际开展过程中根据自身要求制定的,如广东省、安徽省、山东省、上海市、江苏省、浙江省、宁夏回族自治区,以及浙江省绍兴市等地。此类地方文件主要包括损害赔偿磋商办法、损害修复管理办法、损害鉴定评估办法等。

司法解释主要包括《最高人民法院关于适用〈中华人民共和国民事诉讼法〉的解释》《最高人民法院关于审理生态环境损害赔偿案件的若干规定(试行)》《最高人民法院关于审理海洋自然资源与生态环境损害赔偿纠纷案件若干问题的规定》《最高人民法院关于审理环境侵权责任纠纷案件适用法律若干问题的解释》《最高人民法院关于审理环境民事公益诉讼案件适用法律若干问题的解释》《最高人民法院　最高人民检察院关于检察公益诉讼案件适用法律若干问题的解释》《最高人民法院　最高人民检察院关于人民检察院提起刑事附带民事公益诉讼应否履行诉前公告程序问题的批复》《最高人民法院关于审理环境公益诉讼案件的工作

规范（试行）》《最高人民法院　最高人民检察院关于办理环境污染刑事案件适用法律若干问题的解释》等 9 份司法解释，对办理环境损害案件过程中人民法院管辖权、可作为原告的机构、人民法院判决依据、海洋自然资源与生态环境损害赔偿范围、可调解情况、环境侵权责任支持情况、人民法院受理环境公益诉讼案件情况、诉前公告、严重污染环境、后果特别严重等情况作出权威解释，为环境案件的办理提供了有力支撑。

标准规范主要包括《生态环境损害鉴定评估技术指南　总纲和关键环节　第 1 部分：总纲》（GB/T 39791.1—2020）、《生态环境损害鉴定评估技术指南　总纲和关键环节　第 2 部分：损害调查》（GB/T 39791.2—2020）、《环境损害鉴定评估推荐方法（第Ⅱ版）》、《生态环境损害鉴定评估技术指南　环境要素　第 1 部分：土壤和地下水》（GB/T 39792.1—2020）、《生态环境损害鉴定评估技术指南　环境要素　第 2 部分：地表水和沉积物》（GB/T 39792.2—2020）、《生态环境损害鉴定评估技术指南　基础方法　第 1 部分：大气污染虚拟治理成本法》（GB/T 39793.1—2020）、《生态环境损害鉴定评估技术指南　基础方法　第 2 部分：水污染虚拟治理成本法》（GB/T 39793.2—2020）等，主要对各种类型的环境损害案件评估方法进行详细规定。

1.3　生态环境损害鉴定评估过程与内容

生态环境损害鉴定评估是指鉴定评估机构按照规定的程序和方法，综合运用科学技术和专业知识，调查污染环境、破坏生态行为与生态环境损害情况，分析污染环境或破坏生态行为与生态环境损害间的因果关系，评估污染环境或破坏生态行为所致生态环境损害的范围和程度，确定生态环境恢复至基线并补偿期间损害的恢复措施，量化生态环境损害数额的过程。

生态环境损害鉴定评估过程包括启动工作与评估工作程序。鉴定评估的启动主要包括 3 种：一是行政主管部门监管执法时，对发现的环境损害事实进行调查，启动鉴定评估；二是突发环境事件发生后，依据《中华人民共和国环境保护法》第四十七条，各级地方人民政府启动环境损害鉴定评估程序；三是鉴定评估机构接受司法机关或当事人的委托后，开展鉴定评估。行政主管部门和司法部门建立完善的信息沟通机制，在环境损害事实或突发环境事件发生后，行政主管部门应当依职权及时开展调查处理，并依据鉴定评估技术规范做好鉴定评估工作，为可能进入司法程序的案件提供信息支撑。

在实际工作中，接受鉴定评估事项后，鉴定评估机构可参照《生态环境损害鉴定评估技术指南 总纲和关键环节 第1部分：总纲》（GB/T 39791.1—2020）中生态环境损害鉴定评估程序图（如图1-1所示）进行评估。

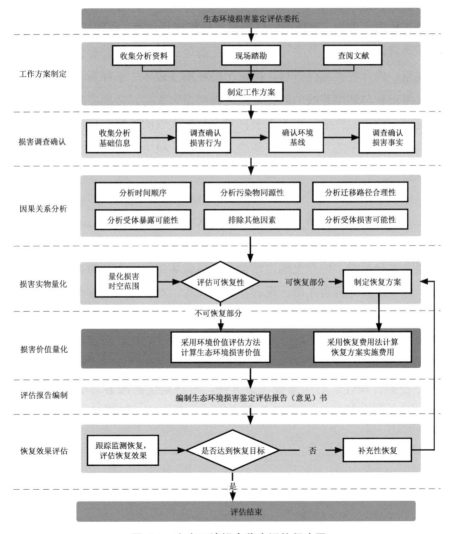

图 1-1　生态环境损害鉴定评估程序图

（1）工作方案制定

接受生态环境损害鉴定评估委托后，制定工作方案前应首先根据案件类型，制定损害评估清单并交予业主方，请相关部门提供目前已有的案件卷宗材料；随后，组织专业人员到现场进行踏勘，了解现场基本情况，并对接资料清单中已收集到的案件材料。综合分析已收集到的案件材料，结合文献查阅，编制鉴定评估工作方案，各类型案件资料清单及现场踏勘重点详见表1-2。

（2）损害调查确认

通过工作方案制定，对缺少的资料清单进行现场调查，在现场生态环境监测、生态地质环境调查前期，业主一般缺乏相应清单资料，可能需要另行委托专业机构进行调查。综合各类案件资料，确定污染环境或破坏生态行为与环境基线。通过生态环境现状与环境基线的对比，最终确定损害事实。特别需注意的是废水与废气类案件，此类案件的特点为由于自然水体与大气的稀释与自净能力，生态环境现状与基线差距不明显，此时若能确定其非法排放污染物的事实，也可确定其损害事实。

（3）因果关系分析

对生态环境造成损害事实确认后，应再次通过因果关系分析来建立损害行为与损害事实之间的联系，从而完善证据链条与鉴定的逻辑关系。

因果关系分析时，应首先确定污染环境或破坏生态行为与损害发生的时间先后顺序，污染或破坏行为在前，损害在后。其次，对于污染类案件，应确定环境介质中污染物与污染源的同源性，可采用同位素分析，但一般在实际案例中可选取污染源的特征污染物与环境介质中超标污染物进行对比，确定其同源性。并通过确定污染物的迁移转化路径，分析环境介质中污染物与污染源中污染物浓度、方向、路径的合理性。对生态破坏类案件，应确定生态服务功能降低或破坏与生态破坏行为间的关联，分析损害的可能性、合理性。最终综合分析，建立因果关系。

表1-2　各类型案件资料清单及现场踏勘重点

序号	资料清单	资料说明	案件类型					现场踏勘重点
			地表水和沉积物	土壤和地下水	生态破坏	固体废物（危险废物）	大气污染	
1	案件经过详述	一般包括现场调查笔录、起诉书、问询笔录等	☑	☑	☑	☑	☑	现场踏勘时建议准备无人机、现场地图；对污染类案件、应调查其废水走向，并在航拍图中标注；拍摄每个关键节点的现场照片。对生态破坏类案件，现场生态破坏的正射影像图，带坐标，方便与历年遥感影像图进行对比
2	污染物性质鉴别或生态破坏类型	具备资质机构出具的危险废物鉴别、现场监测、矿产资源鉴别及土壤肥力监测等的报告	☑	☑	☑	☑	☑	
3	污染物排放量	包括企业自来水量、在线监控水量、固体废物倾倒吨数及体积等	☑	☑	□	☑	☑	
4	受影响生态环境范围	现场受影响红线范围（CAD、ArcGIS或MapGIS格式）	☑	☑	☑	☑	□	
5	受影响生态环境现状	包括现场水、土壤、大气、地下水等的监测报告及生态环境地质调查报告等	☑	☑	☑	☑	□	
6	受影响生态环境功能	现场水、大气环境功能、土地利用现状及规划	☑	☑	☑	☑	☑	

序号	资料清单	资料说明	案件类型					现场踏勘重点
			地表水和沉积物	土壤和地下水	生态破坏	固体废物（危险废物）	大气污染	
7	林地调查报告	包括林地类型、树种、面积范围等（CAD、ArcGIS 或 MapGIS 格式红线范围）	□	☑	☑	☑	□	
8	历史数据	包括现场历年监测报告、遥感影像图（ArcGIS 格式）等	☑	☑	☑	☑	☑	
9	应急处置相关资料	包括现场应急处置方案、应急处置费用及发票等	☑	☑	☑	☑	☑	
10	因本案件支出的费用	包括但不限于危险废物鉴别、现场监测、矿产资源鉴别、林地调查等的费用	☑	☑	☑	☑	☑	

（4）损害实物量化及价值量化

对生态环境损害进行量化时，首先应确定损害评估范围，分析生态环境的可恢复性。对于可恢复部分，制定恢复方案，利用恢复费用法计算生态环境损害价值；对不可恢复的部分，利用环境价值评估方法计算生态环境损害价值；对损害事实不明确或无法以合理的成本确定大气、地表水生态环境损害范围、程度和损害数额的情形，采用虚拟治理成本法计算生态环境损害数额。

（5）评估报告编制

综合上述各类现场调查、分析、计算结果，编制生态环境损害鉴定评估报告书。

（6）恢复效果评估

由于生态环境损害案件的特殊性，需经过磋商或司法程序，恢复费用巨大，政府很难预先垫付恢复费用以进行现场修复。对污染容易扩散、次生污染灾害较严重的案件，会预先进行应急处置，因此后期恢复工程周期较长，通常待恢复完成后另行跟踪监测与评估。

1.4　生态环境损害价值量化主要方法

生态环境价值表示的是主客体间的关系，即主体有某种需要，而客体能够满足这种需要，那么对主体来说，这个客体就有价值。目前，对于环境价值或生态价值普遍认可的一种解释是 Gretchen C. Daily 在 1997 年的专著 *Nature's Services：Societal Dependence on Natural Ecosystems* 中提出的，环境价值一般指自然生态系统及其所属物种支撑和维持人类生存的条件和过程。国内将生态环境价值分为直接利用价值、间接利用价值、选择价值和存在价值 4 种。生态环境损害价值量化的目的是选用适合的方法，评估污染环境、生态破坏行为造成的环境价值的减少，主要方法包括恢复费用法、环境价值评估方法及虚拟治理成本法 3 种。

1.4.1 恢复费用法

恢复费用法[12, 13]是指通过计算恢复被污染的环境所需要的费用来评价环境污染造成的经济损失的方法。一般而言，因污染或破坏行为致使环境质量降低后，为恢复环境质量，需合理采取修复治理措施，由此产生的费用可作为该环境质量的最低价值，或污染（生态破坏）损失的最低估计。恢复费用法不仅被用于生态环境损害量化，也被广泛应用于地质环境经济损失计算等领域。

生态环境损害的原因可概括为两方面：其一为环境污染事件导致的生态环境损害；其二为生态破坏事件导致的生态环境损害。利用恢复费用法对其进行计算时的步骤如下。

（1）清除污染源

对受损生态环境进行恢复时，应及时清除对环境造成危害的污染源，避免边修复边污染的情况发生。环境污染事件中的污染源主要包括超标废水、废气、生活垃圾、一般工业固体废物及危险废物等。在上述案件中，证据一经固定，应及时对现场采取应急处置措施，对污染源进行隔绝，有条件的应及时对其进行处理处置。生态破坏事件中的污染源主要包括现场临时建筑物、管道等设施，部分非法开采稀土矿案件现场还可能存在加药池、沉淀池等污染源。生态破坏事件中的大部分污染源造成次生污染的状况较少，若无次生灾害的风险，现场清拆工程可适当延缓。

（2）比选并制定恢复方案

恢复费用法主要是通过核算现场恢复措施的工程费用来评估生态环境损害，因此应通过文献调查与实践经验，制定多个可行的恢复方案，对其经济性、优缺点、实操性等进行综合对比，最终确定恢复方案。首先应分析判断污染或生态破坏行为是否对现场及周边生态环境造成污染或破坏，其次选取合适的修复技术去除环境介质中的污染物，最后恢复该地块生态环境并跟踪监测，具体步骤如图 1-2 所示。

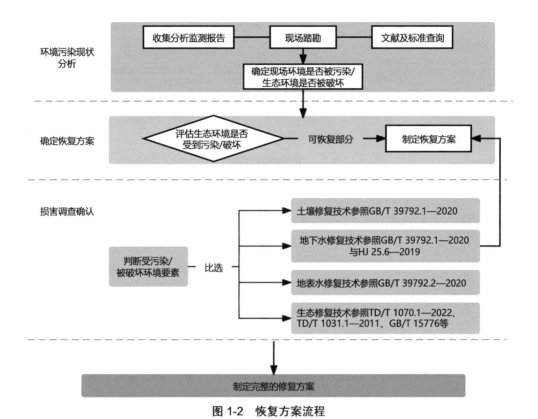

图 1-2　恢复方案流程

1.4.2　环境价值评估方法

生态环境价值或环境价值问题是在资源、生态、环境问题日益严重的背景下被提出的[14, 15]。生态环境保护是一种生产性劳动，因而也创造价值。因此，可将各类型的生态破坏损失从国民生产净值中扣除，得到可持续发展的新的衡量指标——绿色 GDP。

环境资产的总经济价值包括使用价值和非使用价值。使用价值反映的是环境资源的直接使用价值或间接使用价值，非使用价值与人类是否使用该环境资源没有直接关系，是人类对环境资源价值的伦理判断。价值分类如图 1-3 所示。

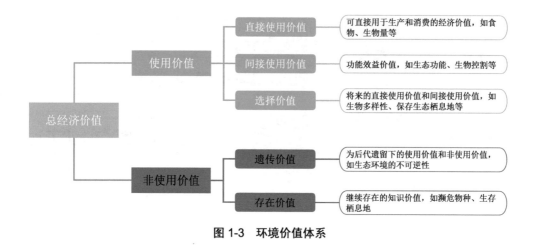

图 1-3 环境价值体系

　　生态环境的多样性及其经济价值的复杂性决定了在对生态环境经济价值进行评估时需要采用不同的评估方法。根据是否存在现存市场或替代市场，可将常用的生态环境价值评估方法分为三大类：直接市场法、揭示偏好法及陈述偏好法。

　　一般而言，环境价值评估方法多用于生态损害案件的评估过程中。使用价值可以分为直接使用价值、间接使用价值与选择价值。其中有一部分使用价值是人类已经在享受或者消费的，另外很大一部分是目前人类尚未有效利用的。

　　以森林的总经济价值为例，直接使用价值包括森林产品的产量以及生态旅游的价值。由此可见，许多环境资源的直接使用价值体现在该资源的市场可交易产品上，如木材、水果、草药等。对于这些产品，我们通常能在市场上确定其交易价格，因此可采用直接市场法，利用市场价格来评判其价值。

　　但对另一类直接使用价值，如旅游观光（免费的公共森林），即使能够统计去该森林野营的次数，却没有相应的"市场价格"来衡量每次野营的价值。因此，无法利用野营的"价格"来计算该森林资源体现在野营中的直接使用价值。此外，衡量间接使用价值（一般为环境服务价值）时也经常碰到这个难题。如对涵养水源、固碳释氧、保育水土、维持生物多样性等间接使用价值，通常都很难找到关于环境资源的直接交易"市场"。评估环境资源的价值，但没有直接的市场价格数据可以利用时，在评估过程中常使用揭示偏好法。对于不存在市场属性的生态环境资源，可以通过"替代价格"，也就是利用其他可以得到并与这些环境价值相关联的"价格"来间接衡量。比如受到环境污染而下降的小区房价就间接衡量了环境质量变化的价值。或者，可以模拟一个"市场"来看人们对环境资源可能"交易"的"价格"，以实现评估目的。

因此，在进行损害评估时，对环境直接使用价值的评估是最容易的且争议相对较小的，其次是间接使用价值。目前，服务功能价值评估研究较多，可适当选择相应评估方法。最难的是选择价值。几乎目前已知的各种评估方法都可以用于评估直接使用价值，而只有部分方法适用于对间接使用价值和选择价值的评估。

在目前的损害评估过程中，涉及非使用价值的情况相对较少。一般来说，不可替代的环境资源的非使用价值比较大。此外，当环境资源遭受不可逆转或不可恢复的破坏时，其所遭受的非使用价值损失也会比较大。对于具有很多替代品的普通自然资源（如典型的小溪流）的破坏可能不会涉及较大的非使用价值，但如果中国的长城或美国的科罗拉多大峡谷遭到破坏，很多人都会觉得是一种效用损失。

因此，当一项资源越有大的影响、越不可替代，其遭到的破坏越不可能恢复时，在评估过程中该资源的非使用价值便会成为评估重点。我们日常所见的其他资源不具有非使用价值，但非使用价值在某些特定情况下可能表现得更明显和更重要。大量的历史古迹、自然保护区、稀有物种都是这类资源的典型代表。

我们无法通过任何可观察数据或者人类行为来评估非使用价值。可以说，环境的公共物品特性在非使用价值上体现得非常彻底与明显。因为没有关于非使用价值的任何市场交易，也就没有任何直接或者间接的现存市场价格信息可以利用，所以在评估使用价值时使用的市场价格法、揭示偏好法等评估方法都不能用来评估非使用价值。到目前为止，陈述偏好法即意愿评估法是唯一可用来评估非使用价值的方法。该方法通过直接询问调查对象为减少生态环境危害的不同选择所愿意支付的价格来衡量生态产品的价值，常用于评估环境资源的非使用价值，例如野生动物保护的价值、生物多样性的价值、古迹保护的价值。

1.4.3　虚拟治理成本法

在损害评估过程中,运用虚拟治理成本法进行鉴定评估有着严格的条件限制。只有"排放污染物的事实存在，由于生态环境损害观测或应急监测不及时等原因导致损害事实不明确或生态环境已自然恢复"或"不能通过恢复工程完全恢复的生态环境损害"或"实施恢复工程的成本远大于其收益的情形",方可使用虚拟治理成本法。相应地,当案件处理过程中"实际发生的应急处置费用或治理、修复、恢复费用明确,通过调查和生态环境损害评估可以获得的"或"突发环境事件或排污行为造成的生态环境直接经济损失评估",不适用虚拟治理成本法。

基于虚拟治理成本法运用的条件限制,目前适用于虚拟治理成本法的案件主要涉地表水偷排废水、大气污染偷排。由于相关标准有详细适用条件和具体准则,故具体评估方法应参照《生态环境损害鉴定评估技术指南　基础方法　第1部分:大气污染虚拟治理成本法》(GB/T 39793.1—2020)和《生态环境损害鉴定评估技术指南　基础方法　第2部分:水污染虚拟治理成本法》(GB/T 39793.2—2020)。

虚拟治理成本就是按照现行的治理技术和水平治理排放到环境中的污染物所需要的支出。地表水环境与大气环境具有强流动性、生态环境损害表征困难等特性,评估工作的重点在于确定污染物排放量、污染物单位治理成本以及调整系数3个方面(如图1-4所示)。

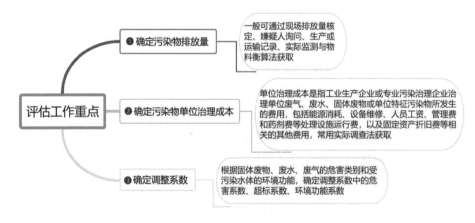

图1-4　虚拟治理成本法评估重点

具体评估步骤包括:

(1)方法适用性分析

通过对受污染环境的现场调研、勘测,确定非法排污事实,掌握污染物的来源、特征污染物、排放场地、排放浓度、排放量和排入环境的环境功能等,分析方法的适用性。

（2）确定单位治理成本

采用实际调查法或成本函数法，确定污染物的单位治理成本。

（3）核定排放量

了解污染物来源，调查生产记录等，确定污染物排放量。

（4）确定调整系数

根据污染物的危害类别和受污染环境的环境功能，确定调整系数中的危害系数、超标系数、环境功能系数。

（5）虚拟治理成本法计算环境损害价值

根据确定的污染物单位治理成本、排放量、调整系数，运用虚拟治理成本的计算公式，计算生态环境损害价值。

参考文献

[1]　黄莹. 美国自然资源损害赔偿制度探析[D]. 北京：对外经济贸易大学，2007.

[2]　刘静. 略论美国自然资源损害赔偿范围[J]. 河南省政法管理干部学院学报，2009，24（2）：159-166.

[3]　王晗. 美国自然资源损害赔偿制度研究[J]. 法制博览，2020（9）：75-76.

[4]　王树义，刘静. 美国自然资源损害赔偿制度探析[J]. 法学评论，2009，27（1）：71-79.

[5]　邓林，李冰，王向华. 国内外生态环境损害赔偿制度建立经验及启示[J]. 环境与发展，2017，29（10）：22-23，25.

[6]　石蕊. 美国自然资源生态环境损害赔偿制度研究[D]. 杭州：浙江农林大学，2017.

[7]　陈杨. 我国生态环境损害赔偿法律制度研究[D]. 贵阳：贵州民族大学，2019.

[8]　於方，刘倩，牛坤玉. 浅议生态环境损害赔偿的理论基础与实施保障[J]. 中国环境管理，2016（1）：50-53.

[9]　李艳菊，赵珊，倪少仁，等. 生态环境损害赔偿制度国内外发展历程[J]. 环境与发展，2020，32（12）：237-240.

[10]　吴丹. 我国生态环境损害赔偿法律制度研究[D]. 武汉：武汉大学，2017.

[11]　司法部公共法律服务管理局. 生态环境损害鉴定评估法律法规与标准汇编[M]. 北京：北

京大学出版社，2019.

[12] 杨柯明，牛世臣. 恢复费用法在地质环境经济损失评估上的应用[J]. 吉林地质，2008，27（4）：93-96.

[13] 李昕桐. 环境污染及生态破坏导致的森林环境损害鉴定与评估方法[J]. 绿色科技，2020（10）：111-112.

[14] 郭明，冯朝阳，赵善伦. 生态环境价值评估方法综述[J]. 山东师范大学学报（自然科学版），2003，18（1）：71-74.

[15] 蔡宣琨，郝丽虹. 生态系统服务功能损害调查与价值量化鉴定评估方法研究[J]. 环境与发展，2021，33（1）：188-192.

第2章

常见污染治理和修复技术及其在评估中的应用

地表水、地下水和土壤污染往往因其相关性较大、污染状况复杂、恢复工程量大、恢复时限长等问题，导致其环境损害价值量化的难度较大，在赔偿责任和数额的确定上存在较大争议。恢复费用法是地表水、地下水和土壤类环境损害案件中常用的损害价值量化方法，其中污染治理和修复技术是恢复费用法的核心技术部分。

恢复费用法是立足于在研究恢复目标、筛选恢复技术、比选恢复方案的基础上，通过实施恢复措施，对受损害的地表水、地下水和土壤环境及其生态服务功能进行恢复，并根据恢复措施所需工程费用核算环境损害数额的方法[1]，因此利用此方法进行评估时，污染治理和修复技术的选取格外关键。常见的污染治理和修复技术如下。

2.1 常见地表水污染治理和修复技术

近年来，随着城市的扩建和工农业的快速发展，地表水受污染范围和程度不断拓宽与加重，水污染问题亦不断加剧，水资源"量"和"质"的双重制约问题逐渐凸显。

地表水污染物包括重金属、有机物、酸碱、氮、磷等，常用的修复技术包括人工湿地技术、底泥疏浚技术、河道整治技术等。

人工湿地技术是利用生态工程的方法,在一定的填料上种植特定的湿地植物,建立人工湿地生态系统,当受污染水体通过系统时,其中的污染物和营养物质被系统吸收或分解,使水质得到净化的水处理技术。

人工湿地系统对景观水体的净化机理十分复杂,综合了物理作用、化学作用和生物作用。包括沉淀、过滤及吸附等物理作用,化学沉淀、吸附、离子交换、氧化还原等化学作用,微生物的代谢、细菌的硝化与反硝化、植物的代谢与吸收等生物作用。人工湿地通常用于处理富营养化、有机物含量较高的黑臭水体,其机理及工程示意如图 2-1 所示。

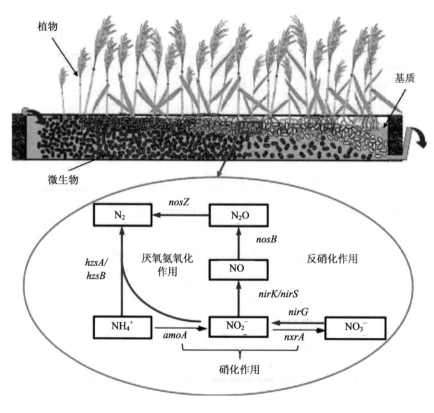

(a)人工湿地结构及机理示意[2]

（b）工程实例图

图 2-1　人工湿地机理及工程示意

人工湿地是一个综合的生态系统。其对病原微生物具有一定的去除率，出水可直排自然水体，且人工湿地面积较大，填料及植物对水力负荷及污染负荷的抗冲击能力较强。综上，人工湿地具有处理效果稳定、运维费用低且操作简单、抗冲击负荷能力强等特点，并且可与周边景观衔接，打造优美的景观环境；人工湿地上部种植的挺水植物可选用美人蕉、菖蒲、鸢尾等景观效果较好的植物种类，同时可适当营造亲水区域，打造良好的生态景观效果[2-4]。

底泥疏浚技术[5-7]是通过采用人工或机械手段适当清除含有污染物的表层底泥以减少底泥内源污染负荷和污染风险的技术。疏浚主要分为水下疏浚、环保疏浚和排干疏浚 3 种。环保疏浚是在保护水生态环境的前提下进行的疏浚，对疏浚设备有较高的要求，需要控制水体浑浊度，合理选择淤泥排放位置。环保疏浚效率较高，可达 90%～95%。排干疏浚是将水完全排空后再进行疏浚，其疏浚效果彻底，但对施工季节要求较高。水下疏浚是将疏浚船固定在某一位置，对该位置的水下淤泥进行清除，并利用管道把清理的淤泥输送到指定排放位置，其疏浚效率为 30%～40%。

湖泊底泥环保疏浚技术是湖泊治理方案的重要组成部分，其是通过对通航河流、河流港口以及其他项目的疏浚技术进行总结产生的[8]。环保疏浚技术与项目疏浚的不同点包括：①环保疏浚技术的目的是清除湖泊底部的污染物，并改善湖泊的生态环境，该技术在运用过程中还要与其他治理措施相结合，才能取得良好的治理效果；②项目疏浚的目的是满足某种项目治理的要求，比如疏通通航河流等。所以，环保疏浚技术的标准相对要高，且在运用该技术时，还要采用相关的治理方案，以避免湖泊水体受到污染，并且对清除的污染物进行妥当的处理。改善疏浚区域水体的生态环境是环保疏浚技术的关键特征。

一般而言，地表水污染中使用底泥疏浚技术的污染物类型主要包括：①重金属（包括汞、镉、铅、铬以及类金属砷等生物毒性显著的元素）；②营养元素（包括经各种途径进入水体的氮、磷等营养元素）；③难降解有机物（包括 PCBs、PAHs 等有机物）。

在评估中选用疏浚工程作为生态环境损害修复工程费的核算依据时，应对污染底泥的沉积特征、分布规律、理化性质等有较为清晰的了解，再结合现场测量数据，确定合理的疏挖深度，完成沉积物总量测算及总量调查，对疏挖范围及规模、疏浚作业区的划分及工程量、疏挖方式及机械配置、工作制度及工期等做出科学合理的安排。此外，对底泥堆放场地的选择、处置工艺的选取等都要有明确的技术方案，尤其要提出综合利用方案。

河道整治技术在生态安全和谐理念的指导下，以修复受损河道为目的，通过生态河床和生态护岸等生态工程技术手段，形成自然生态和谐、生态系统健康、安全稳定性高、生物多样性高、河道功能健全的非自然原生型河道。河道整治技术常见于以下情况。

（1）河道淤积严重，行洪能力减弱

对有通航要求的河道，由于风浪和行船长年累月的淘刷，使河堤遭受不同程度的破坏，从而造成河岸边坡堤顶水土流失，流失的泥沙在河床内淤积，导致河床抬高；此外，不恰当的城镇开发使许多河流的河道变窄，河网被分割，城镇建设中废弃物的倾倒使河床越来越高，甚至发生河道被掩埋的现象。所有这些都扰乱了河道正常的自然生态，严重影响了河流本身具有的泄洪能力，加剧了洪涝灾害发生的频率和强度。

（2）水污染严重

随着经济的不断发展，工业废水和生活污水的排放量不断增加，河道富营养化程度升高，水生植物过度繁殖，水质严重恶化，水污染已经成为制约社会经济可持续发展的瓶颈。随着城市经济的迅猛发展，河道两岸的土地被过度开发利用，城市河道功能受到严重损害，河水污染严重，水质恶化，河道生态环境被严重破坏。

（3）河道形态被改变

由于管理机制的不完善以及人们的环境意识淡薄，人们在河道中任意设障、乱堆废弃物、无序采砂，严重改变了河道的天然断面形态，造成水流不畅、行洪受阻，影响河道功能的正常发挥。

目前，国内一些河道整治工程片面追求河岸的硬化覆盖，片面强调河流的防洪功能，从而淡化了河流的资源功能和生态功能。为了保护城市，河堤年年加高，大量建设现浇混凝土、预制混凝土、浆砌或干砌块石护岸，河流完全被人工化、渠道化，从而破坏了河流的生态平衡。

（4）河网水面面积不断减少

由于造房、修路等行为，一些位于城市的河网被任意占用，河道被填埋；在一些地区，生活垃圾被直接倒入河道，侵占水面面积，致使许多河道缩窄变浅，减少了河网的调蓄容量。

（5）河道护岸结构单一

长期以来，河道的自然特征被逐步渠道化，植物、微生物、鱼类的生长环境恶化，水流的生态功能、景观功能不足。这种现象主要是由于以往的护岸工程主要考虑的是河道的行洪速度、河道冲刷功能、水土保持功能等，而忽略了河道的生态景观功能。

常见的地表水污染治理和修复技术主要包括物理技术、化学技术及生物/生态技术几大类。常见地表水污染治理和修复技术如表 2-1 所示。

表2-1　常见地表水污染治理和修复技术适用条件与技术性能

污染治理和修复技术	技术功能	目标污染物	适用性	成本	成熟度	可靠性	二次污染和破坏
曝气增氧技术	向处于缺氧（或厌氧）状态的河道人工充氧，增强河道的自净能力，净化水质，改善或恢复河道的生态环境	有机污染物	在污水截流管道和污水处理厂建成之前，为解决河道水体的有机污染而进行人工充氧；在已治理的河道中设立人工曝气装置，作为应对突发性河道污染的应急措施	设备简单、机动灵活、安全可靠、见效快、操作便利、适应性广，但河道曝气增氧-复曝氧成本较大	该技术在国外应用已经非常成熟。在国内，除了在北京、上海等地的小河道治理中使用外，尚未在大规模河道综合治理中应用	非常适合于城市景观河道和微污染水的治理	对水生态产生二次污染和生态破坏
生态浮床技术	将植物种植于浮于水面的床体上，利用植物根系的直接吸收和植物根系附着微生物的降解作用，有效进行水体修复	总磷、氨氮、有机物等	适用于富营养化水体的原位修复，受植物的季节性影响较大	投资成本低，运营成本高	技术相对成熟，国内有一定的应用案例	技术可靠	部分植物有造成生物入侵的风险
引水冲污/换水稀释技术	通过加强沉积物-水体界面的物质交换，缩短污染物滞留时间，从而降低污染物浓度、死水区、非主流区重污染河水得到配置、改善河道水质	无机污染物和有机污染物	适用于水资源丰富的地区。通常作为应急措施或者辅助方法	需要耗费大量优质水资源，引水工程量较大，费用较高	在国内外湖泊富营养化治理中有所应用，对于污染严重、且流动缓慢的河流也可考虑采用	技术可靠	没有从根本上去除污染物，增加了河道的水量，对下游造成一定的冲击，污染物随着水流进入下游，将影响下游的水质和负荷

污染治理和修复技术	技术功能	目标污染物	适用性	成本	成熟度	可靠性	二次污染和破坏
底泥疏浚技术	去除底泥所含的污染物，消除污染水体的内源，减少底泥污染物向水体的稀释	氮、磷、重金属、有毒有害有机物	实施的基础和前提条件是湖泊和河流外源必须得到有效控制和治理，否则无法保证疏浚效果的持续，也就无法达到改善水质与水生态的目的；疏浚的重要原则之一——是局部区域重点疏浚，优先在底泥污染重、释放量大的河段与湖区开展底泥疏浚；需与生态重建有机结合才能达到良好的效果	工程量大，成本高	成熟度高，在国内外已经得到广泛的工程应用	技术可靠	疏浚过深将破坏原有生态系统；对清除后的底泥要进行后续处理，处理不当易引起二次污染
化学絮凝技术	通过投加化学药剂去除水中污染物，以达到改善水质的目的	磷、重金属等	适用于突发水环境事件临时应急措施	工程量大，成本高	成熟度较高，国内多次应用在突发环境事件的应急处置中，如镉污染事件、铊污染事件等	技术可靠、快速、高效	处理效果易受水体环境变化的影响，且必须顾及化学药剂对水生生物的毒性及对生态系统的二次污染，应用具有很大的局限性

污染治理和修复技术	技术功能	目标污染物	适用性	成本	成熟度	可靠性	二次污染和破坏
生物膜技术	结合河道污染特点及土著微生物类型和生长特点，培养适宜的条件，使微生物在固定生长或载料载体的表面生长着生成物，生成胶质相连的生物膜。通过水的流动和空气的搅动，生物膜表面不断和水接触，污水中的有机污染物和溶解氧为生物膜所吸收，从而使生物膜上的微生物生长壮大	溶解性的和胶体状的有机污染物	微生物群体通过摄取有机物，在一定范围内繁殖并培养出菌群，能持续去除水中污染物。生物膜的适应能力很强，可根据水质、水文、水量的变化而发生变化，消化能力与处理能力较好	投资运营费用较高，实施时需要大量的投资，以及一定的管理技术和经费	用于河流净化的生物膜技术在国外研究较多，尤其是日本，已在工程实践中运用多种生物膜技术对污染严重的中小河流进行净化	能有效去除污染水体中的氨氮和有机物，可以大大改善水质	该技术未改变地表水体原有的生态系统，不会造成二次污染和破坏
人工湿地技术	湿地修复建在河道周边，利用地势或机械动力将部分河水引到生长有芦苇、香蒲等水生植物的湿地上，污水在沿一定方向流动的过程中，经过水生植物和土壤的作用、净化后回到原水体	氮、磷、重金属物	污水处理系统的组合具有多样性和针对性，减少或缓解外界因素对处理效果的影响；可以和城市景观化建设的紧密结合，起到和城市景观美化环境的作用；设计、运行参数不精确，占地面积较大，容易产生沉积、饱和现象；对恶劣气候条件的防御能力弱；净化能力作物生长成熟程度的影响大；受气候条件限制较大	投资费用低、建设、运行成本低，处理过程能耗低	该技术已经非常成熟，在国内外有广泛的工程应用	污水处理效果稳定、可靠	位置选择不当或处理能力不满足实际需求时，会污染周围土壤和地下水

污染治理和修复技术	技术功能	目标污染物	适用性	成本	成熟度	可靠性	二次污染和破坏
微生物直投法净化技术	利用微生物唤醒或激活河道、污水中原本存在的、可以净化水体的、但被抑制、不能发挥功效的微生物，从而降解水体中的污染物	氮、磷、重金属等污染物	当河流污染严重而缺乏有效微生物作用时，投加微生物能有效促进有机污染物的降解。适合湖库水体在藻类大量暴发前使用，可弥补微生物制剂见效时间较长的缺点	工程量小，投资成本高	技术相对成熟，国内外有一定应用	受限于微生物适应性和水体特点，修复效果不一	所投加的微生物若含病原菌等有害微生物，会破坏水体原生态系统
砾间接触氧化技术	通过在河流中放置一定量的砾石做充填层，增加河流断面上微生物的附着面层，水中污染物在砾间流动过程中与砾石上附着的生物膜接触、沉淀	—	适用于污染物浓度较低的河流，当水体 BOD 高于 30 mg/L 时，应增加曝气系统	投资和运行成本低	该技术在国外应用已经非常成熟，在日本和韩国有成熟的工程应用案例	技术可靠	对水生态不产生二次污染和破坏
河道稳定塘技术	利用植被的天然净化能力处理污水，实现水体净化	—	可利用河边的洼地构建稳定塘。对于中小河流（不通航，不泄洪），可直接在河道上筑坝拦水，构建河道滞留塘。在江南地区，可利用氧化塘的水面种植多种水生植物，养殖鱼、贝、虾等，建立复杂的多级稳定塘系统	投资较少	成熟度高，在国内外已经得到广泛工程应用	具有统一调和微生物，水生植物的功能，修复效果好	对水生态不产生二次污染和破坏

污染治理和修复技术	技术功能	目标污染物	适用性	成本	成熟度	可靠性	二次污染和破坏
河床生态构建技术	通过埋石法、抛石法、固床工法、粗糙沉床法或巨石固定法等方式，将巨石头或块柴等材料置于河床上，营造水生生物和微生物生长的河床生态系统	—	埋石法一般用于水流湍急且河床基础坚固的地区	投资费用低、运行过程能耗低	成熟度高，国内外已得到工程应用	能有效改善水体中生物和微生物的生长环境	重构水生态系统，对水生态不产生二次污染和破坏
增殖放流技术	增加水生生物数量	—	地表水体中鱼虾类等水生生物数量因受到损害而降低，可采用增殖放流的措施进行恢复。具体方法参考《水生生物增殖放流技术规程》（SC/T 9401—2010）	对水域条件、苗种来源、菜体来源、苗种培育等有严格要求，技术要求较高，成本较高	该技术在国内应用成熟，具有相关技术规程	适合鱼虾类等水生生物的数量受到严重损害且适宜恢复进行恢复的情况	对水生态不产生二次污染和破坏
河道整治	按照河道演变规律，恢复河道稳定结构，改善河道边界条件、水流流态和生态环境的治理活动	—	因非法采砂等生态破坏行为造成河床、河岸、河滩地等结构受损，威胁水文情势安全及水生生物栖息与生存环境，具体方法参考《河道整治设计规范》（GB 50707—2011）	操作简单，成本较高	该技术在国内应用成熟，具有相关技术规程	适合河道结构遭受破坏，需要通过工程措施（如回填等）恢复到河道稳定结构的情况	有产生二次污染和破坏的风险

污染治理和修复技术	技术功能	目标污染物	适用性	成本	成熟度	可靠性	二次污染和破坏
物种孵化技术	采用人工孵化技术，对受损水生生物物种进行恢复，增加物种数量	—	适合于受损物种的数量恢复，孵化技术措施包括饲养场选择、布局、笼舍、孵化室、育维室建设和饲养等	需要一定的场地空间，并进行笼舍建设等，成本较高。技术水平及环境条件要求较高	该技术在国内应用成熟，具有相关技术规程	非常适合动物物种及数量群的恢复	无产生二次污染和破坏的风险
洄游通道	通过恢复河道自然连通、增设鱼道等措施，构建洄游性鱼类洄游通道，恢复其繁殖栖息环境和条件	—	适合于因非法违规水利工程建设阻挡鱼类洄游通道导致洄游性鱼类减少或消失的情况。通过恢复或构建鱼类洄游通道，保证其自然洄游通道线路畅通，促进其自然繁殖、栖息	需通过河道整治、在水利工程处补建洄游通道、保证水体质量等措施、重建洄游通道，成本较高	综合了多方面的技术措施，成本较高	适合鱼类洄游通道恢复	无产生二次污染和破坏的风险

污染治理和修复技术	技术功能	目标污染物	适用性	成本	成熟度	可靠性	二次污染和破坏
营建人工繁殖地(栖息岛地建设)	针对部分水生生物、集群营巢的鸟类(如鸥、燕鸥和一些水禽)等,可以通过近岸滩修复、岛屿修建、渔业资源增殖放流等来帮助创造营巢地、栖息地,改善水域生态状况,创造适宜动物栖息的空间	一	适用于水生生物、水禽栖息地受到破坏、导致物种和种群数量减少的情况。通过营建人工繁殖地与种群数量增长与恢复	需要一定的场地空间,并建立适宜的栖息环境,且需要适当的监测维护措施,成本较高	针对不同物种栖息地建设,国内外均有一定数量的成功案例。但针对不同物种栖息地建设的成熟度及发展水平不一。部分鸟类物种栖息地建设发展较为成熟,而针对水体的水生生物栖息地建设缺少成熟的技术规范	适合水禽和水生乳动物等物种数量和种群的恢复	无产生二次污染和破坏的风险
自然衰减+监测技术	利用地表水体的自净、污染物的自然衰减以及水生态系统的自然恢复等能力,实现地表水生态环境的修复和恢复,同时对地表水、沉积物以及水生生物等进行定期监测和监控	一	适用范围较窄,一般仅适用于污染程度较低,污染物的自然衰减能力较强的区域,且不适用于要求地表水生态环境恢复时间较短的情况	主要为地表水、沉积物和水生生物的监测产生的费用,成本较低	作为一种有效的方法,在世界范围内得到应用	取决于污染程度、污染物自然衰减能力以及生态系统自我修复能力	一般不会对水生态产生二次污染和破坏

2.2 常见地下水污染治理和修复技术

相较于地表水污染，地下水污染的治理更困难且污染具有隐蔽性。根据文献[9]，我国工业场地地下水污染严重，污染地块省级名录中含地下水信息的地块有31%存在地下水污染。常见的地下水中污染物分为有机污染物和无机污染物[10]，其中有机污染物以苯系物、石油烃和氯代烃为主；无机污染物中，重金属较为突出，如六价铬、类金属砷等。针对不同类型污染物，适合的修复技术也不同。目前新型地下水修复技术不断涌现，但常见的修复技术仍主要为原位修复技术、异位修复技术、生物修复技术 3 类[11, 12]。

抽出处理技术是异位修复技术中的常用方法之一，是将受污染的地下水抽至地表，然后用废水处理技术进行处理，修复过程一般包括地下水水力控制和地上污染物处理两个过程。应用该技术时，需要布设一定数量的抽水井（必要时还需构筑注水井）和相应的地表污水处理系统。抽出处理技术可以有效去除地下水中溶解的污染物和非水溶性的油类污染物，适用于污染严重或污染面积广、地层渗透性良好的污染场地[13, 14]。

抽出处理技术因其适用范围广、修复周期短、修复设备简单等优点，被广泛用于污染地下水的修复。但在该技术的实施过程中，抽水井的布置及抽水量的大小在很大程度上决定了修复工程的有效性及经济性。因此，在评估过程中对地下水的抽水方案进行优化能够节省修复成本，做到公正客观地评估量化损失。

评估过程中应基于实际调研监测，借助水流模型与污染物迁移模型，分析评估修复范围，确定较为精准的单井抽水量限值、布井位置及布井数量等信息。综合考虑布井数量、布井位置集中程度、修复时间与抽水量之间的关系，制定最优修复方案，合理量化损害价值。抽出处理技术机理及工程示意图如图 2-2 所示。

在应用抽出处理技术的过程中，当非水相液体出现时，由于毛细张力而滞留的非水相液体几乎不太可能通过泵抽的办法被清除。并且如果不封闭污染源，当停止抽水时，拖尾和反弹现象较严重，开挖过程中的工程费用高昂，对修复区干扰较大，在利用修复工程费用核算损害数额时需注意以上局限性，择优选择方案。

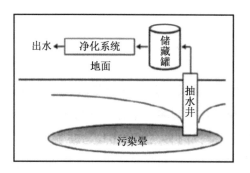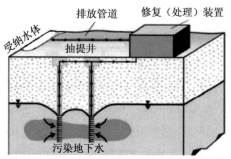

图 2-2　抽出处理技术机理及工程示意[15]

　　与异位修复技术相比，原位修复技术具备诸多优点，如修复完全、针对性较强、修复成本较低等。常见的原位修复技术包括渗透反应墙、原位化学氧化等。在评估过程中，针对重金属污染地下水，可采用渗透反应墙技术进行原位修复。研究表明，渗透反应墙内填充纳米零价铁（Zero-Valent Iron，ZVI；铁粉）等介质[16]，可大大优化重金属污染修复效果。修复原理如图 2-3 所示。

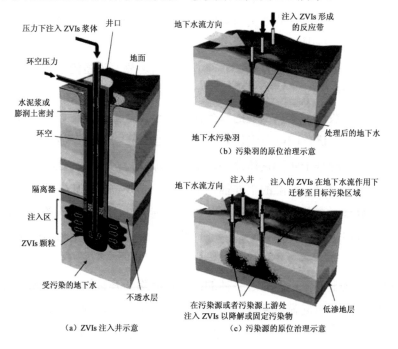

图 2-3　渗透反应墙工程示意

常见的汽油、柴油等烃类油品和润滑油等有机污染物因其自身密度较小，一般漂浮在水面上。该类物质因其自身特点，在地下水中往往以污染源的形式存在；该类物质一般难溶于水，但在水中仍有一定的溶解度，溶于水中的污染物随地下水一起移动，就会形成污染羽。对此类污染物，可采用组合修复技术，如可先采用多相抽提技术去除地下水中的污染源，然后再采用原位化学氧化、原位生物通风等技术去除地下水污染羽中的污染物。

由于过度施肥、垃圾和工业废物的影响，地下水中硝酸盐污染较为突出。采用原位生物通风技术[17]，将醋酸盐、乳酸盐、葡萄糖等作为生物通风的营养物，均能在好氧条件及厌氧条件下发生生物降解。无需将地下水提取出来再处理，可有效提高修复效率，节省费用，产生的废物较少，且一次处理的地下水范围也较大。

生物修复技术是指利用特定的生物（如植物、微生物和原生动物）吸收、转化、清除或降解环境污染物，从而修复被污染环境或消除环境中污染物，实现环境净化、生态效应恢复的生物措施。

地下水污染生物修复技术的影响因素包括碳源和能源、微生物种类、电子受体、营养物质及环境因素。碳源和能源决定微生物数量，微生物种类影响其余土著菌种之间的共生关系或竞争关系，电子受体对生物降解速率有着较大影响，添加营养物质不会加快生物降解速率，环境因素（如 pH 值）对生物的生存有重大影响。

地下水污染生物修复的成功与否，很大程度上取决于污染区域的水文地质状况。如果该地区的水文地质状况比较复杂，则修复难度也会相应较大，而且生物修复的数据结果的可靠性也较小。许多区域的水文地质状况在生物修复时可能与以前调查时相比已经有所改变，因此在评估过程中要注意收集污染区域的最新水文地质状况等资料。

在修复工作展开之前，应通过实验确定加入到地下水中的最适营养盐量，以避免添加的营养盐过多或过少、影响生物修复的处理效果。过少会使生物转化迟缓；过多将导致生成生物量太多、蓄水层堵塞。

常见地下水污染治理和修复技术如表 2-2 所示。

表 2-2　常见地下水污染治理和修复技术适用条件与技术性能

污染治理和修复技术	目标污染物	适用条件	费用	成熟度	可靠性	恢复时间	二次污染和破坏	技术功能	恢复的可持续性
1. 污染物去除技术									
抽出处理技术	可溶的有机污染物和无机污染以及浮于潜水面上的油类污染物	用于去除地下水中溶解的有机污染物、无机污染物和浮于潜水面上的油类污染物，一般仅适用于渗透性好的含水层，对于低渗透性的黏性土层、高吸附性的污染物和低溶解度的污染物效果不理想，对存在非水相液体（NAPL）的含水层的处理效果差	美国处理成本为100～1 438 元/m³	国外20世纪80年代开始应用，应用广泛，成熟度高。据美国环境保护局统计，1982—2008年，有798个超级基金项目使用该技术。我国已有工程应用	可使地下水的污染水平迅速降低，初期效果较好，但短时间内很难使地下水中有机物浓度达到风险可接受水平，后期效果较差	数年到数十年	抽出水量较大，影响治理区及周边地区的地下水的动态；若不封闭污染源，当工程停止运行时，将出现严重的拖尾和污染物浓度升高的现象	污染地下水处理后回灌或者外排，地下水基本生态功能得到部分恢复	需要持续的能量供给，确保地下水抽出和水处理系统的运行，还要求对系统进行定期的维护与监测，地下水需要很长时间才能完全恢复生态功能

污染治理和修复技术	目标污染物	适用条件	费用	成熟度	可靠性	恢复时间	二次污染和破坏	技术功能	恢复的可持续性
空气注入技术	可用于处理地下水中大量的 VOCs 和 SVOCs（各种燃料，如汽油、柴油、喷气燃料等；石油、石油脂及氯化物溶剂等）；BTEX	适用于渗透性较高、均质性较好的地层以及挥发性较大、溶解性较大的污染物。适用于具有较大饱和厚度和埋深的含水层。不适用于非挥发性的污染物，不适合在低渗透率或高黏土含量的地区使用，不能应用于承压含水层及土壤分层情况下的污染物治理。更适合消除地下水中难移动处理的污染物，如重质非水相液体（DNAPL）	134~335 元/t	美国很多地方都采用了该技术进行地下水的恢复，并取得了很好的效果。据美国环境保护局统计，1982—2005 年，其国家优先治理场地中的 254 个地下水污染修复工程中，有 72 个采用了曝气法。该技术在我国刚刚起步，实地应用较少，大部分是室内试验	通常与其他油气技术（如气相抽提技术）联用，恢复效果一般	1~4 年	对生态环境的影响较小	地下水生态功能基本可恢复	地下水生态功能基本可恢复

污染治理和修复技术	目标污染物	适用条件	费用	成熟度	可靠性	恢复时间	二次污染和破坏	技术功能	恢复的可持续性
渗透反应墙技术	氯代烃、重金属（六价铬、类金属属砷等）、硝酸盐、氟化物、垃圾渗滤液等	不适用于于承压水层，不宜用于含水层深度超过10 m 的非承压含水层，对反应墙中沉淀和反应介质的更换、维护、监测要求较高	小型场地为1.4～1.9元/m³；大型场地为 0.7～1.1元/m³；据 2012年3月美国海军工程司令部发布的技术报告，成本介于10～248元/m³	该技术较为成熟，在北美洲等有较多应用。美国环境保护局，美国海军工程服务中心等已制定并发布了本技术的工程设计手册。我国尚处于小试和中试阶段	恢复效率较低，后期容易出现污染反弹，恢复效果一般	通常需监测2 年以上，墙体可使用5～10 年，处理周期一般需要几年甚至几十年	可能存在二次污染	地下水基本生态功能将部分恢复	挖掘处理需避免二次污染，恢复后的地下水生态功能基本恢复

污染治理和修复技术	目标污染物	适用条件	费用	成熟度	可靠性	恢复时间	二次污染和破坏	技术功能	恢复的可持续性
原位化学氧化技术	TPHs、BTEX、酚类、MTBE、含氯有机溶剂、PAHs、农药等大部分有机物	适用于多种高浓度有机污染物的处理；当存在还原性金属等时，会消耗大量氧化剂；受 pH 值影响较大	美国的应用成本为 823 元/m³ 左右	该技术在美国已经得到了广泛的工程化应用，被用于数千个有毒废弃场地。我国有部分工程应用	基本能满足恢复目标，对于某些难降解有机污染物（如多环芳烃），可能需要进一步处理	一般少于 6 个月	污染物彻底氧化后，只产生水、二氧化碳等无害产物，二次污染风险较小	过程中可能会发生产热、产气等不利影响，导致地下水中的污染物挥发到地表	可能存在拖尾和污染物浓度升高的现象，恢复地下水需要一段时间才可完全恢复生态功能
原位化学还原技术	重金属类（如六价铬）和含氯代有机物（如三氯乙烯）等	受 pH 值影响较大	国外的应用成本为 870 元/m³ 左右	在国外已经得到了广泛应用。我国有部分工程应用，但仍以小试和中试应用为主	基本能满足恢复目标，但对于重金属铬而言，恢复后期总量不变，具有潜在风险	一般为 3～24 个月	一些含氯有机污染物的降解产物仍有一定的毒性；固定的污染物在某些特定的条件下可能会重新释放出来，一些危险化学品质的使用可能会引起安全问题	过程中可能会发生产热、产气等不利影响	可能存在拖尾和污染物浓度升高的现象，恢复地下水需要一段时间才可完全恢复生态功能

污染治理和修复技术	目标污染物	适用条件	费用	成熟度	可靠性	恢复时间	二次污染和破坏	技术功能	恢复的可持续性
多相抽提技术	适用于 VOCs，例如 TPHs、汽油、柴油、BTEX 以及有机溶剂类（如三氯乙烯和四氯乙烯）	适用于加油站、石油企业和化工企业等多种类型的污染场地，尤其适用于存在非水相液态污染物的地下水的恢复；不宜用于渗透性差或者地下水位变动较大的场地	小型场地成本为 29~72 美元/m³；大型场地成本为 30~68 美元/m³，地下水处理成本为 35 美元/m³。我国恢复成本为 400 元/kg 左右（非水相液体）	国外技术成熟，已广泛应用。我国已有少量工程应用	场地水文地质条件和污染物分布可能会影响恢复效率；可能需要同能抽出处理技术等联用；对污染物的去除效果较好	一般为 1~24 个月	对地面环境的扰动较小；运行过程中地下水位与系统运行前相比仅略有下降	通过真空手段抽取地下水、浮油层到地面进行相分离及处理，可部分恢复基本生态功能	需要封闭污染源，恢复地下水后地下需要较长时间才可恢复生态功能
原位热处理技术	适用于石油烃和氯代烃等	适用于石油烃和氯代烃等	成本较高	国外已广泛应用。我国已有工程应用	设备及运行成本较高、施工及运行专业化程度要求高	周期较短，需要数月到数年	修复时间短，修复效率高	环境风险中等	高温可能影响水体生态功能
原位电动修复技术	适用于存在重金属、石油烃和高密度非水溶性液体污染的孔隙含水层	适用于存在重金属、石油烃和高密度非水溶性液体污染的孔隙含水层水层	成本较高	工程应用较少	易出现活化极化、电阻极化和浓度极化等情况，降低修复效率	周期较短，需要数月到数年	对修复地块下扰小	对环境影响较小	对水体生态环境功能影响较小

污染治理和修复技术	目标污染物	适用案件	费用	成熟度	可靠性	恢复时间	二次污染和破坏	技术功能	恢复的可持续性
原位微生物修复技术	适用于易生物降解的有机物	适用于渗透性较好的大面积污染区域的治理；适合污染物易降解的情况；在非均质性小介质中难以覆盖整个污染区；不能降解所有污染物；对温度等环境条件的要求较严	处理成本较高，特别是前期调查和筛选阶段	国内尚未有实际工程应用案例，还处于探索试验阶段	效果不稳定且无法完全去除污染物	一般大于6个月	以原位方式进行，可使对污染点的干扰或影响达到最小；使有机物分解为二氧化碳和水，可以永久地消除污染物和长期的隐患，无二次污染，不会使污染转移	污染物很难清除完全，地下水生态功能能恢复难	恢复处理后，需要对地下水采取其他的恢复技术，才可恢复生态功能
原位植物修复技术	适用于重金属和特定的有机物	适用于地下水埋深较浅的污染地块	处理成本适中	实际工程应用较少	效果受地下水埋深、污染物性质和浓度影响较大；需考虑植物的后续处理	周期较长，需要数年到数十年	施工方便，对环境影响较小	污染水体生态功能受影响较小	不破坏水体生态功能

2. 污染物风险控制技术

污染治理和修复技术	目标污染物	适用条件	费用	成熟度	可靠性	恢复时间	二次污染和破坏	技术功能	恢复的可持续性
监测自然衰减技术	碳氢化合物（如BTEX、TPHs、PAHs、MTBE）、氯代烃、硝基芳香烃、农药类、重金属类、非金属类（砷、硒）、含氧阴离子（如硝酸盐、过氯酸）等	适用范围较窄，一般仅适用于污染程度较低、污染物自然衰减能力较强的区域，且不适用于要求时间较短的情况	主要为监测、钻井等产生的费用，美国单个项目费用为94万～294万元	作为一种有效的方法已开始在世界范围内得到应用，但在我国还处于萌芽阶段	能够降低环境风险，但恢复效果较差	时间较长，数年或更长时间	对环境破坏最小	不会带入外部干扰，地下水生态功能可自动恢复	地下水生态功能可恢复，地下水可再利用
原位阻隔技术	有机污染物、金属、放射性核素等污染物	适用于埋深浅的潜水含水层，且地下水流动作用较小，要求场地恢复时间较短的情况	处理成本与阻隔材料、工程规模等因素相关，且规模较大。美国的成本介于10～248元/m³。我国尚无参考的工程案例成本	我国现场应用较少，目前仍处于技术开发及其推广阶段	能够降低地下水环境风险	处理周期较长，一般需要几年甚至几十年	可能存在二次污染	会带入外部干扰，但恢复后的地下水生态功能可基本恢复	挖掘处理需避免二次污染，恢复后的地下水生态功能基本恢复

2.3　常见土壤污染治理和修复技术

根据 2014 年发布的《全国土壤污染状况调查公报》，调查点位中超标率为 16.1%，耕地土壤的超标率为 19.4%，污染范围面广、量大，危及农产品质量安全和生物生态安全。此外，工矿业场地土壤污染问题突出，点位超标率达 36.3%，有色金属矿采选、有色金属冶炼、石油开采、石油加工、化工、焦化、电镀、制革、造纸、废物处置、电子废旧产品拆解等重点行业用地及周边土壤污染风险高，危及人居环境安全和生态系统健康。

土壤污染主要以复合污染形式存在，土壤复合污染主要包括重金属复合污染、有机污染物复合污染、重金属-有机污染物复合污染[18]。近年来，污染土壤的修复引起了广泛关注，科学家在土壤污染防治与修复方面进行了重要的探索。20 世纪 80 年代以前，国际上的土壤污染治理方法包括物理修复方法与化学修复方法。此后，土壤污染治理方法包括物理修复方法、化学修复方法和生物修复方法。近年来，在土壤污染来源、过程、机制、效应、风险、预测等基础理论与方法方面开展了系列研究。

近年来，围绕农业生产、环境保护和生态文明建设，开展了多尺度土壤污染特征、污染物迁移转化机制、界面过程和环境风险等方面的系列研究，了解了土壤中污染物的迁移转化规律、生物有效性和污染风险，初步阐明了重金属与持久性有机污染物复合污染机理和生态效应，建立了部分土壤环境基准与标准，开展了土壤污染风险管控与修复技术原理研究，为土壤污染防治建立新的修复方法。

常见土壤污染种类及来源如表 2-3 所示。

根据江苏省（宜兴）环保产业技术研究院及土壤修复产业技术创新联盟对公开招投标项目的统计调查，2008—2016 年，我国 177 个土壤修复项目中，土壤修复以污染介质治理技术为主[19]，占 68%；污染途径阻断技术占 32%。在污染介质治理技术中，物理化学技术和生物技术成为主要技术，分别占 32% 和 27%；物理、化学单一类技术应用占比相对较小，分别为 2% 和 7%（如图 1-6 所示）。

从具体修复技术种类来看，阻控填埋（32%）、固化/稳定化（23%）、矿山恢复（14%）成为土壤修复中应用最广泛的 3 种技术，水泥窑协同处置（5%）、氧化还原（5%）、微生物修复（4%）、植物修复（4%）与农业生态修复（4%）也是主要应用的技术。相比之下，抽提处理（3%）、土壤淋洗（1%）、化学改良（1%）、热解吸（1%）、气相抽提（0.5%）与高温焚烧（0.5%）技术的市场应用占比较低。

表 2-3　常见土壤污染种类及来源

污染物种类			主要来源
无机污染物	重金属元素	汞	制碱业、汞化物生产等的工业废水和污泥，含汞农药，金属汞蒸气
		镉	冶炼、电镀、染料等行业的工业废水、污泥和废气，肥料杂质
		铜	冶炼、钢制品生产的废水、废渣和污泥，含铜农药
		锌	冶炼、镀锌、纺织等行业的工业废水、污泥和废渣，含锌农药，磷肥
		铬	冶炼、电镀、制革、印染等行业的工业废水和污泥
		铅	颜料、冶炼等行业的工业废水，汽油防爆燃烧排气，农药
		镍	冶炼、电镀、炼油、染料等行业的工业废水和污泥
	非金属元素	砷	硫酸、化肥、农药、医药、玻璃等行业的工业废水和废气，含砷农药
		硒	电子行业、电器、油漆、墨水等的工业排放物
	放射性元素	铯	原子能、核动力、同位素生产等的工业废水和废渣，大气层核爆炸
		锶	原子能、核动力、同位素生产等的工业废水和废渣，大气层核爆炸
	其他	氟	冶炼、硅酸钠、磷酸和磷肥等行业的工业废气，肥料
		盐碱	纸浆、纤维、化学等行业的工业废水
		酸	硫酸、石油化工、酸洗、电镀等行业的工业废水，大气
有机污染物	有机农药		农药生产和使用
	酚		炼油、合成苯酚、橡胶、化肥、农药等行业的工业废水
	氰化物		电镀、冶金、印染等行业的工业废水，肥料
	3,4-苯并芘		石油、炼焦等行业的工业废水
	石油		石油开采、炼油、输油管道漏油
	有机洗涤剂		城市污水，机械工业
	有害微生物		厩肥，城市污水、污泥

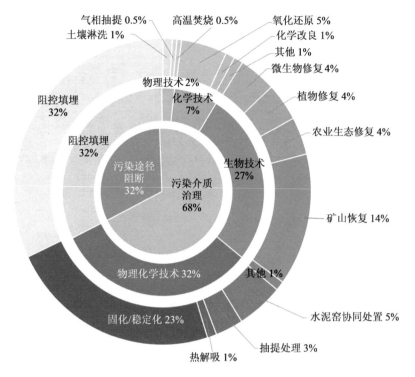

气相抽提 0.5% 高温焚烧 0.5% 氧化还原 5%
土壤淋洗 1%   化学改良 1%
                              其他 1%
                              微生物修复 4%
物理技术 2%   植物修复 4%
化学技术 7%   农业生态修复 4%
阻控填埋 32%
阻控填埋 32%
污染途径阻断 32% 污染介质治理 68%
生物技术 27%   矿山恢复 14%
物理化学技术 32%   其他 1%
                              水泥窑协同处置 5%
固化/稳定化 23%   抽提处理 3%
热解吸 1%

图 2-4   2008—2016 年我国土壤修复技术应用现状

　　随着环境质量控制向环境风险方面转变，在评估过程中选用修复方法时，应由原来的"消除污染物"转向更加经济、合理、有效的"风险消除"，污染场地风险管理强调源—暴露途径—受体链的综合管理。采取安全措施阻止污染扩散和阻断暴露途径是风险管理框架中可行且经济有效的手段，如当污染暴露途径以室内蒸气入侵为主时，可以考虑在污染区域建筑物底部混凝土下方铺设蒸气密封土工膜，以阻断蒸气吸入暴露途径；当以接触表层污染土壤为主要暴露途径时，可以考虑在污染土层上方浇注水泥地面或铺设一定厚度的干净土壤来阻隔土壤直接接触途径。对于污染农田修复、矿山修复、盐碱地修复，应首先考虑原位修复，如植物修复、作物阻控、化学调控、农艺调控等控制和修复技术。

　　常见土壤污染治理和修复技术如表 2-4 所示。

表2-4 常见土壤污染治理和修复技术适用条件与技术性能

污染治理和修复技术	目标污染物	适用条件	成本	成熟度	可靠性	恢复时间	二次污染和破坏	技术功能	恢复的可持续性
1. 污染物去除技术									
水泥窑协同处置技术	有机物、重金属	不宜用于汞、砷、铅等污染较重的土壤；由于水泥生产对进料中氯元素、硫元素等的含量有限值要求，在使用该技术时需慎重确定污染土壤的添加量	我国的应用成本为800~1 000元/m³	该技术广泛应用于危险废物处理，国外较少用于污染土壤处理。我国已广泛用于污染土壤处理	能够完全消除污染	处理周期与水泥生产线的生产能力及污染土壤添加量相关	污染土壤转运过程中需密封、苫盖和跟踪监控，防止遗撒、泄漏等	污染土壤处理后成为水泥熟料，土壤生态功能完全被破坏	恢复后土壤生态功能完全丧失，无法恢复
热脱附技术	挥发性有机污染物（VOCs）、半挥发性有机污染物（SVOCs，如石油烃、农药、多氯联苯）、重金属汞	不适用于无机物污染土壤（汞除外），也不适用于腐蚀性有机物、活性氧化剂和还原剂含量较高的土壤	国外中小型场地（2万t以下，2万t约26 800 m³）的处理成本为100~300美元/m³，大型场地（大于2万t）的处理成本约为50美元/m³。我国处理成本为600~2 000元/t	国外已广泛用于挥发性和半挥发性有机污染物相关的场地修复项目，其占美国超级基金国家优先名录场地修复项目的8%。我国属于起步阶段，有少量应用案例	可基本去除污染物，有机物去除率可达95%以上	处理周期为几周至几年	污染土壤转运过程中需要密封、苫盖和跟踪监控，防止遗撒、泄漏等。在处理过程中需要密封、监控，产生的气体应经过处理达标后排放	对于含有机氯物、非氢化燃烧的处理方式可避免二噁英的生成	修复后可土壤再利用

污染治理和修复技术	目标污染物	适用条件	成本	成熟度	可靠性	恢复时间	二次污染和破坏	技术功能	恢复后的可持续性
原位化学氧化技术	石油烃、苯系物（BTEX，包含苯、甲苯、乙苯、二甲苯）、酚类、甲基叔丁基醚（MTBE）、含氯有机溶剂、多环芳烃、农药等大部分有机物	适用于多种高浓度有机污染物的处理；在渗透性较差区域（如黏土层中），氧化剂传输速率可能较慢；土壤中存在的一些菌殖酸、还原性金属等会消耗大量氧化剂；受 pH 值影响较大	美国的应用成本为 220 000～230 000 美元/场地，123～164 美元/m³；我国的应用成本为 300～1 500 元/m³	该技术在美国已经得到了广泛的工程化应用，多个被用于有毒废弃场地。我国有部分工程应用	基本能满足恢复目标，对于某些难降解有机污染物，可能需要进一步处理	一般少于 6 个月	污染物彻底氧化后，只产生水、二氧化碳等无害产物，二次污染风险较小	过程中可能会造成产热、产气等不利影响，导致土壤和地下水中的污染物挥发到地表	修复后的土壤有机质受损，导致部分生态功能丧失，可利用性降低
异位化学氧化技术	总石油烃（TPHs）、BTEX、酚类、MTBE、含氯有机溶剂、多环芳烃（PAHs）、农药等大部分有机物	不适用于重金属污染土壤的恢复；对于吸附性强、水溶性差的有机污染物，应考虑必要的增溶、脱附方式	国外的应用成本为 200～660 美元/m³；我国的应用成本一般为 500～1 500 元/m³	国外已经形成了较完善的技术体系，应用广泛。我国发展较快，已有工程应用	恢复效果比较可靠	处理周期与污染物初始浓度、恢复药剂和目标污染物反应机理有关。处理周期较短，一般为数周至数月	污染土壤转运过程中需要密封、苫盖和跟踪监控，防止遗撒、泄漏等。土壤修复过程中应密封、监控，气体须经过处理达标后排放	过程中可能会造成产热、产气等不利影响，导致土壤结构和部分生态功能被破坏	修复后的土壤有机质受损，导致部分生态功能丧失，可利用性降低

污染治理和修复技术	目标污染物	适用条件	成本	成熟度	可靠性	恢复时间	二次污染和破坏	技术功能	恢复的可持续性
原位化学还原技术	重金属类（如六价铬）和氯代有机物等	受pH值影响较大	国外的应用成本为150~200美元/m³；我国的应用成本为500~2000元/m³	在国外已经得到了广泛的工程应用。我国有部分工程应用	基本能满足恢复目标	清理污染源区的速度较快，通常需3~24个月	一些含氯有机污染物的降解产物仍有一定的毒性；还原后的污染物在某些特定的条件下可能会重新被氧化，一些危险化学物质的使用可能会引起安全问题	过程中可能会造成产热、产气等不利影响，导致土壤结构和部分生态功能被破坏	修复后的土壤部分生态功能丧失，但可恢复

污染治理和修复技术	目标污染物	适用条件	成本	成熟度	可靠性	恢复时间	二次污染和破坏	技术功能	恢复后的可持续性
异位化学还原修复技术	重金属类（如六价铬）和氯代有机物等	适用于石油经污染物的处理	在国外为200～660美元/m³；在我国，一般介于500～1500元/m³	国外已经形成了较完善的技术体系，应用广泛。我国发展较快，已有工程应用	受环境中氧化物影响较大，稳定性较差	处理周期与污染物初始浓度、恢复目标、药剂和目标污染物反应机理有关，通常较短，一期可以在数月到一般周期数月内完成	污染土壤转运过程中需要密封，营盖监控，防止遗撒、泄漏等。土壤修复过程中应经密封、监控，一气体须处理达标后排放	过程中可能会造成产气、产热等不利影响，导致土壤结构和部分生态功能受损	修复后的土壤部分生态功能丧失，但可恢复
洗脱技术（异位）	重金属、SVOCs、难挥发性有机污染物	对大粒径污染土壤的修复更有效，砂砾、砂、细沙中的污染物更容易被洗脱出来，而黏土中的污染物则较难清洗脱，因此不宜用于土壤细粒（黏粒和粉粒）含量高于25%的土壤。常与其他修复技术联用，扩散过程要求准确控制（避免污染物向非污染区扩散）	美国处理成本为53～420美元/m³；欧洲处理成本为15～456欧元/m³，平均为116欧元/m³；我国处理成本为600～3000元/m³	国外已经形成较完善的技术体系，且工程应用广泛（美国、加拿大、欧洲及日本等已有较多的应用案例）。我国发展较快，已有工程应用案例	修复效果较好，但需要配备废水处理系统	一般少于12个月	洗脱产生的污染废水容易造成二次污染	污染土壤处理后营养元素缺失，土壤功能基本丧失	修复后土壤生态功能基本丧失，较难恢复

污染治理和修复技术	目标污染物	适用条件	成本	成熟度	可靠性	恢复时间	二次污染和破坏	技术功能	恢复的可持续性
气相抽提技术	可用来处理SVOCs、VOCs和某些燃料，适用于享利常数大于0.01 Pa或蒸气压力大于66.6 Pa（0.5 mmHg柱）的污染物	适用于包气带污染土壤的恢复，且要求污染土壤具有质地均一、渗透能力强（透气率大于$1×10^{-4}$ cm/s）、孔隙度大，湿度较深的特点。对低渗透性的土壤，难以采用该技术进行修复处理，地下水水位也会影响修复效果	基于国外相关修复工程案例，该技术应用成本为150～800元/t	在美国《国家优先名录》污染场地中，气相抽提技术是最常用的污染源处理技术，使用该技术用的项目占污染源控制项目的25%。对VOCs类污染物，气相抽提技术则约占60%。该技术在国外已有很多成功的工程案例。我国已有中试应用	能有效地去除土壤中的挥发性有机污染物	一般为6～24个月	处理过程中产生的气体和滤液需收集处理后排放，控制二次污染	处理过程对土壤的损害较小，生态功能基本无损伤	可持续性恢复

污染治理和修复技术	目标污染物	适用条件	成本	成熟度	可靠性	恢复时间	二次污染和破坏	技术功能	恢复的可持续性
生物堆技术	TPHs 等易生物降解的有机物	不适用于重金属、难降解有机污染物污染土壤的修复，黏性土壤修复效果较差	美国应用的成本为 130~260 美元/m³。我国的工程应用成本为 300~400 元/m³	相关配套设施已能够生产制造，在国外已广泛应用于石油烃等易生物降解的污染物的修复，技术成熟。我国发展也已比较成熟，相关核心设备已能够完全国产化，已有用于处理石油烃污染土壤及油泥的工程应用案例	恢复效率有限	一般为 1~6 个月	无二次污染，环境扰动小	污染土壤后处理基本无损伤，对土壤生态功能不能产生影响	可持续性恢复

污染治理和修复技术	目标污染物	适用条件	成本	成熟度	可靠性	恢复时间	二次污染和破坏	技术功能	恢复的可持续性
生物通风技术（原位）	VOCs、SVOCs、非卤代的TPHs，某些化溶剂、某些杀虫剂、防腐剂等	适宜于处理渗透性强的非饱和带污染土壤，不适合重金属、难降解有机物污染土壤的修复，不宜用于黏土等渗透系数较小的污染土壤的修复	国外相关场地处理成本为87~180元/m³	该技术在国内工程应用较少，尚处于中试阶段	对于修复成品油污染土壤非常有效，包括汽油、喷气式燃料油、煤油和柴油等	一般为6~24月	为避免二次污染，应对尾气处理设施的效果进行定期监测，以便及时采取相应的应对措施	污染土壤处理后损伤较小，生态功能基本无损伤	可持续性恢复
植物修复技术	重金属（如金属砷、镉、铅、锌、铬、镍、钴、锰、铜、汞等），以及特定的有机污染物（如TPHs、五氯酚、PAHs等）	不适用于未找到修复植物的重金属，也不适用于某些有机污染物（如六六六、滴滴涕等）污染土壤的修复，植物生长受气候、土壤等条件影响；不适用于污染物含量过高或严重破坏土壤化性质、重金属污染土壤的修复；适合修复植物生长的土壤	美国的应用成本为25~100美元/t。我国的工程应用成本为100~400元/t	在国外已广泛应用于重金属、放射性核素、固代烃、汽油、石油经等污染土壤的恢复，技术相对成熟。在我国发展也比较成熟，已广泛用于重金属污染土壤的修复	修复较慢，到一定含量水平后效果减弱	一般为3~8年	为避免二次污染，应对修复植物的后续处理进行监测，以便及时采取相应的应对措施	污染土壤处理后即可再利用	不破坏土壤结构和肥力，修复后的土壤可再利用

污染治理和修复技术	目标污染物	适用条件	成本	成熟度	可靠性	恢复时间	二次污染和破坏	技术功能	恢复的可持续性
2. 污染物风险控制技术									
阻隔填埋技术	适用于重金属、有机污染物	不宜用于水溶性强的污染物和渗透率高的污染土壤，不适用于地质活动频繁的地区。该方法不能降低土壤中污染物本身的毒性和减小土壤体积，但可以降低污染物在地表的暴露及其迁移性，即只能将污染物阻隔在特定的区域中；效果受地下水中酸碱组分、污染物类型、活性、分布、阻隔墙的深度、场地水文地质条件、泥浆及回填材料的类型等因素的影响	该技术的处理成本与工程规模等因素相关，通常原位土壤阻隔覆盖技术应用成本为500～800元/m²；异位土壤阻隔填埋技术应用成本为300～800元/m³；国外泥浆墙安装费为3 600～5 000元/m³(不含化学分析、可行性或兼容性测试)	该技术在国外已经应用30多年，已成功应用于近十个工程，异位土壤阻隔填埋技术已经相对比较成熟。我国已有较多的工程应用	能够降低土壤环境风险，达到风险控制目标	处理周期较短，一般为3～6个月	需要设置相应的气体收集系统、渗滤液收集系统，并定期监测，及时作出响应，以防止二次污染	污染土壤的生态功能没有得到恢复	在技术实施完毕后，应进行封场生态恢复，封场生态恢复后可以重新恢复该填埋区域的利用价值，如建设公园、绿地等

污染治理和修复技术	目标污染物	适用条件	成本	成熟度	可靠性	恢复时间	二次污染和破坏	技术功能	恢复后的可持续性
原位固化/稳定化技术	金属类、石棉、放射性物质、腐蚀性无机物、氰化物以及砷化合物等无机污染物；农药/除草剂、TPHs、PAHs、PCBs以及二噁英等有机污染物	不适用于挥发性有机污染物和以污染物总量为验收目标的项目	美国环境保护局数据显示，应用于浅层污染介质污染修复的成本为50～80美元/m³，深层修复的成本为195～330美元/m³。我国原位固化稳定化技术修复费用为500～1 000元/m³	美国、英国等国家率先开展了污染土壤的固化/稳定化研究，已形成了较完善的技术体系。据美国环境保护局统计，2005—2008年应用该技术的案例占案例总数的7%，较为成熟。该技术在我国尚处于中试阶段	能够降低土壤环境风险，达到风险控制目标	一般为3～6个月	向污染土壤添加药剂并进行处理后，土壤酸碱性、含盐量等发生变化，造成土壤生态功能破坏	经过处理后，土壤大都固封为结构完整的、具有低渗透系数的固化体，土壤生态功能被破坏	修复后的土壤生态功能基本能破坏，且难以恢复

污染治理和修复技术	目标污染物	适用条件	成本	成熟度	可靠性	恢复时间	二次污染和破坏	技术功能	恢复后的可持续性
异位固化/稳定化技术	金属类、石棉、放射性物质、腐蚀性无机物、氰化物以及砷化合物等无机污染物；农药/除草剂、TPHs、PAHs、PCBs以及二噁英等有机污染物	主要用于处理受无机物污染的土壤，不适用于挥发性有机污染物和以污染物总量为恢复目标的项目	据美国环境保护局数据，小型场地（约765 m³）处理成本为160～245美元/m³，大型场地（38 228 m³）处理成本为90～190美元/m³。我国处理成本一般为500～1 500元/m³	国外应用广泛，据美国环境保护局统计，1982—2008年已有200余项超级基金项目应用该技术。我国已有较多工程应用	能够降低土壤环境风险，达到风险控制目标	处理周期受土壤修复方量、修复工艺、养护时间、施工设备、修复现场平面布局等影响。通常，日处理能力为100～1 200 m³，单批次处理周期为1～2个月	向污染土壤添加药剂并进行处理后，土壤酸碱性、含盐量等发生变化，造成土壤生态功能破坏	经过处理后，土壤生态功能基本被破坏	修复后的土壤生态功能基本被破坏，需要很长时间逐渐恢复

2.4 生态环境损害评估主要案件类型

我国环境污染事件的发生总趋势为波动上升。在 20 世纪 80 年代，污染事件的发生次数出现了明显的上升。改革开放后，经济发展速度提升，工业的多样化发展导致污染事件发生次数同步上升。早期由于监管不到位等原因，污染排放单位向环境中排放了大量的废水、废气、废渣，导致环境污染事件迅速增加。2005 年前后，环境污染事件到了高发期，污染事件的影响范围也最深远。2015—2017 年，部分省份开展生态环境损害赔偿制度改革试点工作，2018 年开始在全国试行生态环境损害赔偿制度，再到现在逐步趋于成熟，生态环境损害案件类型也呈现逐步变化的趋势。推行试点阶段，污染类案件占比较大，尤其是涉大气、水、土壤等环境污染较多，这与"十三五"期间我国坚决打赢"蓝天、碧水、净土"三大攻坚战的决策与任务是一致的。

"十三五"期间，在大气环境质量方面，2020 年全国地级及以上城市优良天数比例达到 87%，比 2015 年增加 5.8 个百分点，超过"十三五"目标 2.5 个百分点。细颗粒物（$PM_{2.5}$）未达标地级及以上城市的 $PM_{2.5}$ 平均质量浓度达到了 37 μg/m³，比 2015 年下降了 28.8%。在水环境质量方面，全国地表水优良水体比例由 2015 年的 66% 提高到 2020 年的 83.4%，超过"十三五"目标 13.4 个百分点；劣Ⅴ类水体比例由 2015 年的 9.7% 下降到 2020 年的 0.6%，超过"十三五"目标 4.4 个百分点。在土壤环境质量方面，全国受污染耕地安全利用率和污染地块安全利用率双双超过 90%。

2020 年至今，随着"十三五"目标的顺利实现，环境保护工作也逐渐从污染治理转向生态环境系统保护方向。生态系统是统一的自然系统，是相互依存、紧密联系的有机链条，对"山水林田湖草沙"统筹治理的认识更加深入，生态类损害越发受到重视，生态类环境公益诉讼案件逐渐增加。本书按环境要素进行了区分，包括地表水和沉积物、土壤和地下水、生态破坏、固体废物（危险废物）以及大气污染 5 种类型，后续章节将分别对各类型案件进行详细介绍。

参考文献

[1] 廖振元. 恢复成本法和虚拟治理成本法在土壤和地下水环境损害价值量化评估中的应用[J]. 化学工程与装备，2020（3）：271-274.

[2] 陈亮，刘锋，肖润林，等. 人工湿地氮去除关键功能微生物生态学研究进展[J]. 生态学报，2017，37（18）：6265-6274.

[3] 王纳川，付新喜，陈永华，等. 人工湿地除磷基质及其净化机理研究进展[J]. 环境生态学，2021，3（2）：53-61.

[4] 付柯，冷健. 人工湿地污水处理技术的研究进展[J]. 城镇供水，2022（1）：75-80.

[5] 何云斌，刘书敏，林嫩，等. 河道底泥环保疏浚技术与处理措施[J]. 化工设计通讯，2022，48（3）：174-176.

[6] 吴莹. 湖泊底泥环保疏浚技术研究展望[J]. 低碳世界，2021，11（4）：27-28.

[7] 刘丽香，韩永伟，刘辉，等. 疏浚技术及其对污染水体治理效果的影响[J]. 环境工程技术学报，2020，10（1）：63-71.

[8] 金相灿，荆一凤，刘文生. 湖泊污染底泥疏浚工程技术——滇池草海底泥疏挖及处置[J]. 环境科学研究，1999，12（5）：9-12.

[9] 侯德义. 我国工业场地地下水污染防治十大科技难题[J]. 环境科学研究，2022，35（9）：2015-2025.

[10] 姜紫微. 我国地下水污染治理技术研究[J]. 黑龙江环境通报，2020，33（4）：44-45.

[11] 陈浙墩，白静洁. 地下水污染治理技术的研究进展[J]. 环境与发展，2017，29（8）：87，89.

[12] 潘芳，杜锁军. 地下水污染生物修复技术研究进展[J]. 江苏环境科技，2008，21（z1）：112-116.

[13] 费宇红，刘雅慈，李亚松，等. 中国地下水污染修复方法和技术应用展望[J]. 中国地质，2022，49（2）：420-434.

[14] 蒲敏. 污染场地地下水抽出处理技术研究[J]. 环境工程，2017，35（4）：6-10.

[15] 朱健玲，赵学付，施展华，等. 地下水抽出处理技术在离子型稀土矿山的工程应用[J]. 有色金属（冶炼部分），2022（2）：60-68，82.

[16] 郑西来，唐凤琳，辛佳，等. 污染地下水零价铁原位反应带修复技术：理论·应用·展望[J]. 环境科学研究，2016，29（2）：155-163.

[17] 陈政. 原位修复技术在地下水污染中的应用研究[J]. 化工管理，2019（34）：146-147.

[18] 吴志能，谢苗苗，王莹莹. 我国复合污染土壤修复研究进展[J]. 农业环境科学学报，2016，35（12）：2250-2259.

[19] 张娟，邢轶兰，李书鹏，等. 土壤与地下水修复行业 2017 年发展综述[J]. 中国环保产业，2018（11）：5-19，24.

第 3 章

地表水和沉积物生态环境损害鉴定评估

3.1 定义及基础理论

3.1.1 定义

地表水和沉积物类生态环境损害事件主要指因污染环境、破坏生态造成地表水、沉积物等环境要素和水生生物等生物要素发生不利改变，以及由上述要素构成的水环境质量恶化、生态功能退化和服务功能损失等的事件。这类事件主要包括非法排放未经处理或处理不达标的废水、非法倾倒固体废物（危险废物）等至水环境中，造成河流、湖泊、水库等地表水和对应沉积物生态环境损害的情况。

3.1.2 事件特点及工作要点

3.1.2.1 事件特点

地表水类事件主要为非法排污（废水、一般固体废物、危险废物等）及对应产生的突发环境污染事件，可直接导致江河（含感潮河段）、湖泊、渠道、水库等不同使用功能的地表水环境生态服务功能受损。此类事件通常具有污染来源广、污染频次高、对损害评估时效性要求极高且评估结果两极分化大等特点。沉积物类污染事件则主要源于污染物及其转化降解产物在水底沉积物中积累，对水生生态系统可产生直接或间接不良影响的现象。由于沉积污染具有长期性、累积性等特点,因此其评估基线、责任区分技术难度较大。目前此类事件相对较少。近年来,地表水和沉积物类事件最主要的类型仍为涉地表水污染类事件,该类事件具有以下 3 个显著特点。

(1)污染来源广,污染物性质多样,污染发生频次较高

水资源是人类生活、生产中最重要的资源,在日常生活、工业生产、农业灌溉中扮演十分重要的角色,地表水类污染事件发生的频次也最多。由于污染排放(偷排)行为实施较为简单,受纳水体大多具备较高的流动性,污染发生频次相对较高。地表水污染通常具备来源广泛、污染物成分复杂、污染物性质多样等特点。

(2)污染确定时效性要求极高

由于自然水体流动性较大,污染物容易向下游迁移。当水流量较大时,污染物发生稀释扩散的情况较为常见。因此,污染物浓度超标的持续时间相对较短,要锁定污染偷排行为往往需要超高的时效性,对于现场监测取证等有较高的要求,错过时机之后往往难以对单次排污行为进行确定。

(3)评估结果两极分化较大

水体的稀释能力与其流量、流速相关。一般情况下,当受纳水体流速较快、流量较大时,通常呈现污染不明显的特点;反之,若受纳水体流速缓慢且流量相对较小,污染物的排入可能导致整条河流(整个水库)污染,影响范围广,性质恶劣。因此,地表水污染事件中污染状况与受纳水体的特点有密切关联,调查结果两极分化较大导致最终评估结果两极分化大。

3.1.2.2　工作要点

鉴于地表水类污染事件的特点,在实际工作中应第一时间进行损害调查确认,确定污染源及排污事实,通过与基线对比,确定损害事实,明确因果关系,进行实物量化与损害价值量化,具体如下。

(1)损害调查确认

在水污染事件的损害调查确认环节,首先需要明确事件发生类型是突发性水环境污染事件还是累积性水环境污染事件,针对事件不同的特点,确定相应的调查对象、调查指标,并开展水文地貌调查、布点采样、基线水平确认等工作。对调查指标而言,水生态环境损害确认条件主要包括地表水和沉积物特征污染物浓

度超过基线标准，水生生物种群、群落和生态系统特征与基线相比发生改变，水生生物个体出现死亡、畸形，水产品内有害物质含量超过水产品食用标准，水生态服务功能降低或退化等 5 类情形；其中主要着重于地表水及沉积物的受污染程度、水生生物体内污染物残留浓度以及水生生态系统产品的供给功能方面的调查。

在采样工作中，突发性水污染事件损害评估的布点采样应及时、高频，尽可能同步推进初步调查和系统调查，并根据损害评估需求适当增加采样频次；而累积性污染事件损害评估的布点采样应注重空间性，在污染较重区域（如死水区、回水区和排污口等处）布设采样点，以满足地表水受污染程度量化计算的需求。此外，基于自然水体对排入污染物的自净能力，此环节应注重时效性，第一时间确定污染来源及排污事实，注重及时、全面地收集事件相关信息及资料，具体包括涉事企业或单位的在线监控数据、行政处罚报告、常规监测报告、生产工艺、产污环节、自来水用水量、污染物处理工艺等。

（2）因果关系分析

地表水类生态环境损害事件的因果关系主要从污染来源、污染排放行为、传输路径以及损害受体等方面切入分析，其重点在于结合迁移转化过程分析、污染物暴露-反应关系建立以及损害关联性证明方法进行验证、判定。其中，同源性分析用于确定污染源，主要利用手段包括指纹法、同位素技术、多元统计分析等技术方法；暴露路径主要分析的是污染物传输与释放机理；关联性证明主要识别污染物与损害结果之间的关系。

若前期现场监测工作开展及时高效，突发性水环境污染事件的污染来源和污染排放行为则相对比较明确，损害事实可证性高，该类事件着重强调污染源排查和同源性分析。而对于累积性水环境污染事件的因果关系分析一般涉及水生生物损害，则需要通过建立暴露-反应关系以确定地表水与沉积物污染、损害受体的因果关系。此外，对于涉及多个污染源的地表水环境污染事件，需要对各污染源造成的损害情况逐一排查，通过同源性分析确定各污染源对受纳水体污染损害程度的贡献情况。

（3）损害评估指标及实物量化

地表水类生态环境损害实物指的是水体的受污染程度、污染持续时间和空间波及范围，其中损害程度量化的评估指标包括污染物浓度、水生生物量、水生生物多样性与水生态系统服务功能4个方面；水生态环境损害时间尺度主要根据水环境质量或服务功能指标基本恢复所需要的时间判定；而对于损害空间范围的划定，针对不同类型的评估指标，可以综合利用实际监测和模型模拟，确定其损害波及的区域范围。

对于非法排放污染物事实明确但缺乏应急监测的事件，尽管对排入水体进行监测已难以反映排污行为导致的危害，但可从水污染虚拟治理成本法的核心宗旨入手，结合前期调查资料收集，先通过在线监控和行政执法等资料确定非法排污行为的存在，即损害实施行为的确认；再通过自来水用水量、在线监控、生产工艺、污染物处置环节确定非法排污量，从而进行损害实物量化。上述两个环节对核算损害价值、量化系统资源或功能受损程度具有重要意义。

（4）损害价值量化

一般而言，在污染程度较低、污染物自然衰减能力较强，或受污染区域环境承载力较高，区域内水生生物具有较高耐受性的情况下，系统恢复所需要的时间相对较短，地表水体的自净及水生态系统的自我恢复能力较强，可实现地表水与沉积物生态环境的修复和恢复。因此，在相应的损害价值量化工作中，可以采用保守的自然恢复和定期监测方案。对于突发性水环境污染事件中的可恢复情形，可以通过实施基本恢复和补偿性恢复方案，以该恢复费用作为事件的生态环境损害价值量；而对于造成的生态环境损害已经无法恢复或无法补偿的事件，通常采用环境资源价值评估方法对其损害价值量进行评估、计算。

生态环境损害价值的核算是量化系统资源或生态环境功能受损程度的核心工作，水污染类损害评估鉴定中涉及的具体计算方法在以下内容中展开介绍。

3.2 评估指标及评估方法

3.2.1 评估指标

基于多种污染来源及不同污染物的特性，水污染有不同的分类角度。水体污染源主要包括：

①未经处理或处理不达标的生活污水；

②未经处理或处理不达标的工业废水；

③大量使用化肥、农药、除草剂导致的农业面源污染；

④工业固体废物或危险废物非法倾倒导致的污染；

⑤因矿山导致的水体污染等。

常见的地表水污染物包括：

①重金属、酸、碱、无机盐等无机污染物；

②油类、脂肪烃、有机酸、醇类等有机污染物；

③总氮、总磷等营养物以及浮游植物、悬浮颗粒物等常规污染物；

④新污染物。

根据污染物类型的不同，水污染主要分为化学性污染、物理性污染和生物性污染三大类。

就污染物输入的影响而言，重金属元素通常具有多种价态，活性较高，能参与各种化学反应，化学稳定性和毒性随环境条件变化而变化，还可通过食物链富集，最终对人体健康造成危害；污水中的有机物经微生物分解耗氧，可造成水体缺氧，影响水生生物的生命活动；而有机物的厌氧分解会产生硫化氢、硫醇等难闻气体，使水质进一步恶化；水体营养物质的富集是水华发生的重要诱因，可加剧水体富营养化。

因此，在地表水与沉积物生态环境的损害程度量化中，评估指标一般包括污染物浓度、水生生物量、水生生物多样性和水生态系统服务功能 4 个方面。进一步，水污染类事件损害价值评估内容主要包括：

①受污染水体修复至基线的费用评估；

②水生生物损害价值评估。

3.2.2　水污染类评估计算方法

在实际环境污染事件中，造成生态环境损害的情形复杂多样。生态环境损害是一个广义的定义，生态环境损害的最终结果是否可观测、是否可进行定量化测量并非判定是否存在生态环境损害的充分必要条件。一般情况下，由于水体的流动性及稀释、自净功能，若非法排污等水污染事件发生期间未能及时对周边受纳水体质量进行有针对性的持续监测，待开展生态损害评估时常难以根据已有的水质资料判断非法排放期间是否对发生地水体质量及功能造成了直接、明显损害。据此，为明确界定损害行为，除可测量的直接导致生态环境受到损害的行为（如污染物浓度明显超过环境基线、环境动植物物种变化）外，非法持续排放污染物至环境中的行为也可被认定造成了生态环境损害。

针对可恢复的和不可恢复的系统损害，损害价值评估工作相应按照恢复费用量化或基于环境资源价值评估的损害赔偿数额计算开展。对于可通过观测直接定量并能够采取恢复措施的损害事实，在损害价值评估过程中一般属于恢复费用法评估的情形，如突发环境污染事件通常有较为明确的污染来源、污染排放行为以及损害事实，其实际发生的应急处置费用或治理费用相对明确，可通过进一步调查和评估确定。除突发环境污染事件外，确定地表水类生态环境损害事件的排污事实时间具有滞后性，需现场调查确定的损害事实、超标情况等证据消失较快，在水体强大的稀释、自净等作用下，生态环境已基本恢复或损害不明显，故不适于采用恢复费用法进行损害价值评估。在基于环境资源价值的治理成本估算中，虚拟治理成本法是当前地表水类生态环境损害事件中应用最广泛的评估方法。依据进入不同环境中的污染种类（类型），通过计算进入不同环境中的污染物浓度及排放量以进行评估。

综上，虚拟治理成本法适用情形可总结为：

①非法排放或倾倒废水、固体废物（包括危险废物）等排放行为事实明确；

②损害事实不明确或无法以合理的成本确定地表水生态环境损害范围、程度和损害数额。

根据《生态环境损害鉴定评估技术指南 基础方法 第 2 部分：水污染虚拟治理成本法》（GB/T 39793.2—2020），损害数额公式如式（3-1）、式（3-2）所示：

$$D = E \times C \times \gamma \tag{3-1}$$

$$\gamma = \alpha \times \tau \times \omega \tag{3-2}$$

式中：D —— 地表水生态环境损害数额，元；

　　　E —— 排放数量（根据实际选择超标排放量或排放总量，可采用体积单位或质量单位），t 或 m^3；

　　　C —— 废水（或废水中的特征污染物）或固体废物的单位治理成本，元/t 或 元/m^3；

γ—— 调整系数；

α—— 危害系数；

τ—— 超标系数；

ω—— 环境功能系数。

虚拟治理成本法的重点在于确定非法排污量、处置成本及调整系数（如图 3-1 所示）。排放数量的核定方法包括实测法、物料衡算法和排污系数计算法。对于废物或废液倾倒、违法违规排污类事件，一般通过现场排放量核定、人员访谈、生产或运输记录获取相关资料数据，根据实际情况选择合适的计算方法，计算废水或固体废物排放量；对于突发环境事件，一般通过实测法与物料衡算法相互验证的方法进行测算。

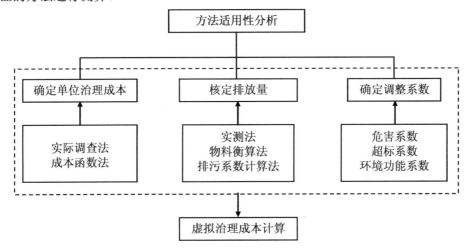

图 3-1　虚拟治理成本法计算重点

确定单位治理成本的方法包括实际调查法和成本函数法。其中，实际调查法通过实际调查，获得相同或邻近地区，相同或相近生产工艺、产品类型、生产规模、治理工艺的企业，治理相同或相近废水或固体废物，能够实现稳定达标排放的平均单位治理成本；成本函数法是当调查样本量足够大时，通过调查数据建立典型行业的废水或固体废物的治理成本函数，以达到排放标准的单位污染治理成本平均值作为单位治理成本。由于实际调查法信息获取途径多，可通过市场调查或文献调研等方式获取，因此在实际评估过程中通常优先采用实际调查法对单位治理成本进行核算。

调整系数包括危害系数、超标系数及环境功能系数，其确定如下。

危害系数：排入废水的危害系数取值与受纳水体的地表水功能规划有关。如表 3-1 所示，对于不同功能规划的水体，参照《化学品分类和标签规范　第 18 部分：急性毒性》（GB 30000.18）中物质的分类标准和混合物的分类标准，确定废水中化学物质或混合物的人体健康急性危害及人体经口、经皮接触急性毒性危害类别，进而确定 α 取值。对于一般工业固体废物、危险废物、生活垃圾及油类污染物排入地表水的污染危害，其系数选定参照表 3-2。

表 3-1　废水危害系数

地表水环境功能	危害类型	危害类别	危害系数 α
珍稀水生生物栖息地及渔业用水	急性水生危害	类别 1	2
		类别 2	1.75
		类别 3	1.5
	慢性水生危害	类别 1	2
		类别 2	1.75
		类别 3	1.5
		类别 4	1.25
饮用水水源	人体经口急性毒性	类别 1	2
		类别 2	1.75
		类别 3	1.5
		类别 4	1.25
		类别 5	1
直接接触娱乐用水	人体经皮急性毒性	类别 1	2
		类别 2	1.75
		类别 3	1.5
		类别 4	1.25
		类别 5	1
农业用水	—	—	1.5
一般工业或景观用水、非直接接触娱乐用水及其他无特定功能用水	—	—	1

表 3-2　固体废物或油品危害系数

类型	危险特性	危害系数
危险废物（含有害垃圾）	具有感染性或毒性	2
	仅具有反应性或腐蚀性	1.5
一般工业固体废物（Ⅱ类）	—	1.5
一般工业固体废物（Ⅰ类）	—	1.25
餐厨垃圾	—	1.5
其他生活垃圾	—	1.25
船用重油、重质燃油	—	2
废润滑油、沥青、焦油	—	1.75
汽油、柴油、航空燃油、取暖油	—	1.5

超标系数：按照《生态环境损害鉴定评估技术指南　基础方法　第 2 部分：水污染虚拟治理成本法》（GB/T 39793.2—2020），当废水中多个污染物超标时，根据所有检测样品中各项污染物的最大超标倍数确定超标系数。废水超标系数取值如表 3-3 所示。对于废水污染物浓度未超过排放标准的情形，废水超标系数取 1。废水污染物超标倍数 κ 按照式（3-3）计算。

$$\kappa = \frac{Z - B}{B} \tag{3-3}$$

式中：κ —— 水污染物浓度超标倍数；

Z —— 废水污染物质量浓度，mg/L 或 μg/L；

B —— 排放标准浓度限值，mg/L 或 μg/L。

表 3-3　废水超标系数

最大超标倍数	超标系数 τ
最大超标倍数＞1 000	2
100＜最大超标倍数≤1 000	1.75
10＜最大超标倍数≤100	1.5
0＜最大超标倍数≤10	1.25

对于一般工业固体废物、危险废物、生活垃圾等排入地表水的情形，其超标系数选定参照表3-4。

表3-4   固体废物超标系数

类型	超标系数 τ
危险废物	2
一般工业固体废物（Ⅱ类）	1.75
一般工业固体废物（Ⅰ类）	1.5
化学品（危险化学品除外）	1.5
生活垃圾	1.25

环境功能系数：环境功能系数的取值原则如下。

①排放行为发生在集中式生活饮用水地表水水源地、水生动植物自然保护区、水产种质资源保护区及其他国家自然保护区内的，或排放行为发生在上述保护区外，但污染物进入上述保护区且监测数据表明引起上述保护区水质异常的，ω 取值为 2.5；

②排放行为发生在渔业用水功能区的，或排放行为发生在渔业用水功能区外，但有监测数据表明引起渔业用水水质异常的，ω 取值为 2.25；

③排放行为发生在农业用水功能区的，或排放行为发生在农业用水功能区外，但有监测数据表明引起农业用水水质异常的，ω 取值为 2；

④排放行为发生在非直接接触娱乐用水、一般工业用水和一般景观用水功能区的，或排放行为发生在上述用水功能区外，但有监测数据表明引起上述用水水质异常的，ω 取值为 1.75；

⑤排放行为发生在上述功能区以外的，ω 取值为 1.5；

⑥排放行为同时影响了多种环境功能地表水体的，ω 取最大值。

3.3　典型案例

3.3.1　非法排放酸洗废水案

3.3.1.1　案情简介

该案发生在广东省汕头市某酸洗工场，该工场在未办理工商登记、环保审批等手续和无配套环保设施的情况下，雇佣人员开始经营，私自购买硫酸、盐酸等酸性溶液，连同烧料废旧集成电路板运载到酸洗工场进行酸洗加工。在烧熔、酸洗过程中，将产生的废渣随意堆放，烧熔、酸洗产生的废气未经减污处理即排放到大气中，酸洗作业产生的污水在未经过环保处理的情况下，通过排污管排到路边小沟、流向凤北灰堆山下，对周边生态环境造成损害。

3.3.1.2　生态环境损害鉴定评估过程及结果

评估过程中主要对该厂废水水质、周边水体受污染情况、生态环境影响开展详细分析。

（1）针对废水水质、周边水体受污染情况、生态环境影响的分析

为掌握该酸洗场地污染状况，在汕头市环境保护局领导下和潮阳区环境保护局配合下，汕头市环境保护监测站组织技术人员对城南街道凤北灰堆山林地内酸洗场地进行现场勘察，与潮阳区环境保护监测站成立现场环境采样小组，完成灰堆山场地的废水、残渣、土壤及其周边环境的地表水、底泥和土壤等环境要素的采样工作。根据测试分析结果以及潮阳区环境保护局明确的区域环境功能定位，对城南街道凤北灰堆山林地内酸洗场地及周边环境状况进行综合评价。

调查结果显示灰堆山北侧酸洗场地粗放型生产导致的浓酸废气、酸洗废水已严重污染周边生态环境、水环境和土壤环境。场地内生态环境破坏严重，自然植被枯萎、水和土壤环境重金属严重超标、纳污池塘底泥环境重金属严重超标。区域与周边环境存在明显差异，区域中有数个蓝色顶的棚架，并出现数条黄色的不明污染带，卫星图片中黄色区域为裸露土壤，仅从卫星影像中就能发现区域的土地利用发生了较大变化，污染已经形成。污染现场如图 3-2 所示。

酸洗场地现状　　　　　　　　　　　　场地内残留的化学品瓶盖

场地内残留的废弃线路板　　　　　　　　场地地面腐蚀严重

废水排水沟　　　　　　　　　　　　场地南面纳污池塘

图 3-2　污染现场

根据勘测定界，受污染水域主要为附近的一个养殖鱼塘。灰堎山酸洗场地酸洗废水呈强酸性，pH 值为 1.4，重金属严重超标，多环芳烃类化合物中高活性致癌物质苯并[a]芘浓度超过广东省《水污染物排放限值》（DB 44/26—2001）第二时段一级标准限值；酸洗废水集中收集后直接排入周边水体环境，导致灰堎山酸洗场地南部池塘水质呈强酸性，水体环境中重金属严重超过《地表水环境质量标准》（GB 3838—2002）Ⅲ类标准。其中，主要超标因子为镍（1 154 倍）、锑（159.6 倍）、铜（60.7 倍）、铬（46.2 倍）、铅（5.16 倍）和铍（4.5 倍），纳污池塘苯并[a]芘浓度超过《地表水环境质量标准》（GB 3838—2002）集中式生活饮用水地表水水源地特定项目标准限值。

分析结果表明，本酸洗工场周边及附近鱼塘地表水受污染情况较为严重，污染物种类较多、数量较大，且含有 Cr、Pb、Ni 等属于有毒有害物质的重金属污染物，对水体、地下水及周边人群健康、生态环境、饮用水水源地均构成威胁，另外也对该土地的日后利用造成影响，建议及时实施整治修复措施。同时，COD、氨氮、磷酸盐和重金属等污染物指标超标严重，多项指标远超《地表水环境质量标准》（GB 3838—2002）Ⅲ类标准，随着气温的升高，极易导致整个水体的富营养化和恶臭的加剧。若不及时针对水体污染物采取积极的修复措施，受损的水资源环境在可预计的时间范围内将难以自然恢复到可接受的自然水体状态，水体的富营养化和恶臭也将对周边环境产生持续的影响。

（2）生态环境损害鉴定评估

根据此次事件发生过程回顾及监测结果分析，执法查扣时间距其开展酸洗工作时间较短，尚未对发生地土壤及周边野生动植物资源造成明显损害，故不涉及土壤资源、野生动植物资源、渔业资源和其他生态环境资源损失，只对本次事件造成的水资源损失进行评估。

水资源的损失是指污染事件影响范围内的水资源不能服务于其正在被使用的用途，或者需要采取污染修复或恢复措施后才能正常使用，水资源功能丧失造成的损失。根据水资源用途的不同，可以分为生活用水、工业用水、农业用水、生态用水等。

根据《环境污染损害数额计算推荐方法》编制说明，可以采用水资源影子价格作为依据进行水资源损失估算。某种用途的水资源损失等于污染水量乘以该用途的水资源影子价格。计算公式如下：

$$V_w = k \cdot (\prod_{t_0}^{t} PI_t) \cdot P_w \cdot Q_w, \quad k = \frac{(1+r)^{t'} - 1}{r(1+r)^{t'}} \tag{3-4}$$

式中：P_w —— 受影响水资源的影子价格；

$\qquad Q_w$ —— 受影响的水资源量；

$\qquad PI_t$ —— 水产品出厂价格指数；

$\qquad t_0$ —— 影子价格的基准年份；

$\qquad t$ —— 评估起始年；

$\qquad t'$ —— 损害发生后第 t' 年开始评估，t'=1，2，3，…，n，损害当年 t'=1；

$\qquad r$ —— 贴现率；根据建设部标准定额研究所关于建设项目经济评价参数的研究成果，我国当前的社会贴现率建议取值为 7%～8%，《环境污染损害数额计算推荐方法》中选用 8%。

本次事件中水体的水质功能主要为林牧渔业（养鱼）及畜牧养殖（养鸭），因此本次评估可直接参考影子价格中的林牧渔业用水价格来进行计算。根据《环境污染损害数额计算推荐方法》编制说明中提出的中国不同用途水资源影子价格，按林牧渔业用水的价格进行估算，其影子价格（2001 年）为 1.0～2.0 元/m³；按畜禽养殖用水价格进行估算，其影子价格为 1.5～2.5 元/m³。本次事件受污染水资源体量一般，水资源性质为鱼塘水，与外环境交流较弱，但由于本次水体的水质功能兼备林牧渔业及畜牧养殖功能，且两者功能相互影响程度较小，因事件所导致的损失可包含该两方面。本次评估取其中间值的加和，即 3.5 元/m³。结合 2002—2012 年中国水产品出厂价格指数，社会贴现率根据推荐方法选择 8%，最后得出 2015 年对应水资源影子价格为 5.20 元/m³。

根据 GPS 测量、卫星图片及环保部门提供的相关数据等方式确定附近水体的面积，受本次污染事件影响的水面面积约为 15 000 m²，水体平均深度约为 1.8 m，测算水体体积约为 27 000 m³。参考 2015 年水资源影子价格（5.20 元/m³），算得本次污染事件水资源损失费用为 14.04 万元。

3.3.1.3 典型意义

汕头市潮阳区城南街道凤北灰堀山北侧酸洗工场场地及周边生态环境污染损害事件是一起典型的由个人排污导致产生生态环境风险的事件。参照环境保护部

《关于开展环境污染损害鉴定评估工作的若干意见》（环发〔2011〕60 号）和相
关法律法规及技术规范，对此类污染事件的性质、范围和程度进行科学、系统的
评估，对于落实"污染者负担"的环境法基本原则、维护公私环境权益、打击环
境违法行为具有重要的意义。

3.3.2 非法排放电镀废水案

3.3.2.1 案情简介

该案发生于广东省惠州市博罗县某表面处理公司。该公司主要从事五金电镀
生产，厂内共 7 个车间，其中第 1 车间、第 3 车间、第 7 车间为电镀车间。执法
人员现场检查发现，仅第 3 车间在生产，该厂废水处理设施未运行，规定的排放
口没有废水排放，但该公司厂区废水总排口（厂外）有废水排放，外排废水经福
田河汇入沙河，对受纳水体生态环境造成严重不利影响。

3.3.2.2 生态环境损害鉴定评估过程及结果

评估过程中主要对该厂电镀车间、废水水质、废水偷排路径展开详细调查。

（1）针对该厂电镀车间、废水水质、废水偷排路径的调查

现场调查发现该厂第 3 车间中有电镀设备若干套，每套电镀设备旁均设有废
水排放沟，废水最终汇集到第 3 车间最里侧墙边的两条废水排放沟，通过沟内白
色废水收集管，最终汇入厂内污水处理设备。但调查发现废水排放沟内白色废水
收集管道口高于地面，且在收集管旁设置了非法排放口，通过该排放口可将未经
处理的电镀废水直接排放至隐藏于水泥地面下的 9 个水池内，废水经地下水池直
接排入第 3 车间外的雨水收集井，最终排至外环境。

第 3 车间废水排放沟内沉积大量污泥，呈绿色，厚度约 0.3 m。靠近排放口处
可见 1 条因长期排放废水冲刷形成的通道，现场状况如图 3-3 所示。对第 3 车间
南面地下 9 个暗池水质进行监测，结果显示其 pH 值、COD、总氮、总磷、总氰
化物、镍、铬、锌、铜均存在不同程度超标现象，废水未经处理排入天然水体将
对水生态环境造成严重不利影响。

第 3 车间废水排放沟

第 3 车间废水排放沟

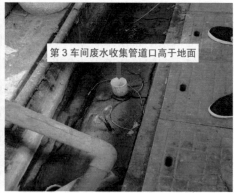

第 3 车间废水排放沟

第 3 车间废水排放沟

第 3 车间南面地下暗池

第 3 车间南面地下暗池

图 3-3　第 3 车间现场

第 7 车间中间设置 1 条过道，过道中间设置 1 条雨水沟，用于收集车间雨水及工人洗手废水。雨水沟右侧为挂镀车间，左侧为褪挂车间，褪挂车间中褪挂槽与清洗槽下方各有 1 个 PVC 托盘，褪挂槽 PVC 托盘旁地面设有 1 条白色废水收集管，用于收集车间地面废水。废水经白色废水收集管穿过车间中部雨水沟，连接至车间废水收集管，最终汇入厂区污水处理设施进行处理。

现场检查时，第 7 车间雨水井上方用水泥板覆盖封死。打开水泥板后，现场可见雨水沟靠近褪挂车间墙体腐蚀严重，且存在水迹。褪挂车间未生产，但褪挂槽和清洗槽下方 PVC 托盘均有废水，清洗槽上端预留排水口，槽内液位超过上端预留口，车间已硬底化但腐蚀严重。现场打开清洗槽上方的自来水龙头，清洗槽内水面上升至预留排水口后，直接排至车间地面。

目前地面腐蚀严重，导致白色废水收集管道口高于地面，废水无法排至废水收集管中并得到妥善处理。废水直接经地面腐蚀严重产生的缝隙，未经任何处理直接排放至第 7 车间雨水沟。褪挂槽 PVC 托盘底部设有 3 个排水口，废水可直接经底部 3 个排水口流至车间地面，后经地面缝隙直接排至第 7 车间雨水沟。废水经雨水沟排至厂区总雨水管道后，经厂区废水总排口直接排入外环境，最终汇入福田河。第 7 车间现场情况如图 3-4 所示。

现场对厂区管网排口（21#，位于厂区东侧路面上的长方形雨水收集井内）、雨水沟排口（22#，位于厂区东侧路面地下雨水沟井）等进行采样，结果表明水样中总铜、总镍、总锌浓度均超过广东省地方标准《电镀水污染物排放标准》（DB 44/1597—2015）表 2 规定的珠三角水污染物排放限值。

第 7 车间雨水沟　　　　　　　　　　　　　第 7 车间雨水沟排出口

第 7 车间雨水井

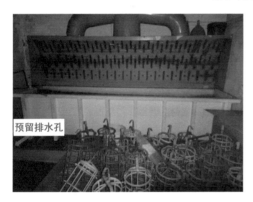

第 7 车间褪挂槽

第 7 车间褪挂槽排孔

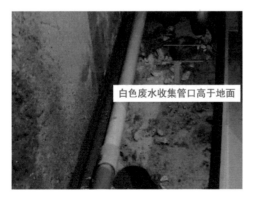

第 7 车间废水收集管

第 7 车间过道

图 3-4　第 7 车间现场

（2）生态环境损害鉴定评估

由于在该电镀废水非法排放期间未能及时、持续对周边水体质量进行有针对性的监测，且废水容易随水的流动不断发生迁移，因此难以判断非法排放期间是否直接对发生地水体质量造成明显损害。但调查分析显示该厂非法排放污染物行为确定，结合虚拟治理成本法的适用范围，确定可采用虚拟治理成本法评估该案中因电镀废水溢流至外环境中所导致的生态环境损害。经鉴定，该厂非法排放废水 78 900 t（按刑事认定标准），造成的生态环境损害数额为 1 262.4 万元。

3.3.2.3 典型意义

（1）"三位一体"，为良好水生态保驾护航

该案由当地纪律检查委员会（监察委员会）直接委托，实现纪检监察、司法机关、行政执法"三位一体"的工作机制，各职能部门形成合力，以促进严格履行法定职能，依法办理涉生态环境资源事件；加强沟通互动，做好有效衔接，形成部门之间横向、纵向沟通联系网络；提高工作效率，依法、及时、高效惩处破坏生态环境的违法犯罪行为，在扫黑除恶专项斗争行动中实现"阻污""打伞""断财"同向发力，协同推进当地"三水"统筹治理。

（2）敢用善思，科学计算，多方验证确定偷排量

该案偷排电镀废水时间长、排放手法隐蔽，长期通过废水治理工程进行"掩护"，事实清楚，但因水生态环境具有强大的自净作用，且在排放期间对受纳水体监测不及时，因此水生态环境实际损害难以明确，适用水污染虚拟治理成本法。但其关键证据偷排水量的确定较难，评估组充分发挥敢用善思的科学精神，利用"物料衡算+溯源法"确定该厂偷排水量，敢于提出质疑，排除不合理证据，科学合理、严谨公正地对该案产生的生态环境损害数额进行了量化。

3.3.3 非法排放镀黑铬废水案

3.3.3.1 案情简介

该案发生在广东省汕头市某玩具加工厂内，该厂主要从事螺丝刀头等五金工具的镀黑铬电镀加工。电镀加工厂内设 6 套黑铬电镀槽及相关配套设备。执法人员现场检查时，该厂正在生产，厂区未配套任何废水处理设施，生产过程中产生的废水直接经地面 1 条明渠收集后，经厂区东南侧 1 个非法排放口直接排放，最

终排至厂区外排渠中，对受纳水体生态环境造成严重不利影响。

3.3.3.2 生态环境损害鉴定评估过程及结果

评估过程中主要对该厂废水水质、废水偷排路径、非法排放废水量、生态环境影响开展详细分析。

（1）针对废水水质、废水偷排路径、非法排放废水量、生态环境影响的分析

汕头市环境保护监测站工作人员在该厂电镀车间清洗区排水沟、该厂宿舍外排水沟进行了现场取样监测。汕头市环境保护监测站出具的监测报告显示其 pH 值、铬、六价铬、镍均存在不同程度超标，其中六价铬的超标倍数高达 14 199 倍。

执法人员现场检查时，该厂未设置任何污染防治处理设施，镀黑铬产生的生产废水完全未经任何处理，直接经地面 1 条明渠收集后，通过厂区东南侧 1 个排放口，最终排至厂区外排渠中。该厂自 2019 年 4 月开始，至 2020 年 5 月被查获，共使用自来水 978 t，产生电镀废水 929.1 t。电镀废水未经有效处理便被排放至环境中，会造成水体污染，影响水生生物的生长，破坏生态平衡，不利于水体自净。其中，铬会伤害人体呼吸系统以及内脏，甚至导致呼吸道癌和支气管癌等；六价铬是强"三致"物质，具有生物蓄积性，危害极大。镍及其化合物主要存在于人体的脑、脊髓和五脏中，主要影响人体抑制酶系统，在一类致癌物清单中。尤其是羰基镍毒性很强。镍可导致肺癌、鼻咽癌、白血病等严重疾病，同时常见病哮喘、尿结石等也与人体中镍的含量有关，镍还有降低生育能力、致畸和致突变作用。因此，本案非法排污行为对生态环境危害较大。

（2）生态环境损害鉴定评估

由于在该电镀废水非法排放期间未能及时、持续对周边水体质量进行有针对性的监测，且废水容易随水的流动不断发生迁移，因此难以判断非法排放期间是否直接对发生地水体质量造成明显损害。但调查分析显示该厂非法排放未经任何处理的电镀废水行为确定，结合虚拟治理成本法的适用范围，确定可采用虚拟治理成本法评估该案中因电镀废水溢流至外环境中所导致的生态环境损害。经鉴定，该厂非法排放废水 929.1 t，废水处理单价按 50 元/t 进行计算，造成的生态环境损害数额为 92 910 元。

3.3.3.3 典型意义

（1）积极探索实践简易评估认定程序，提高事件办理效率

该案生态环境损害事实清楚，涉及非法排放废水量相对较小，汕头市生态环境局积极介入，及时委托司法鉴定机构对该案造成的生态环境损害数额进行鉴定。赔偿权利人与赔偿义务人经磋商，双方签订《生态环境损害赔偿磋商协议书》后，责任认定无争议，且经专家测算的损害数额在50万元以下，金平区人民法院在磋商实践中对简易评估认定程序的实施进行了大胆探索，依法适用简易程序，组成合议庭，极大地提高了事件办理效率。

（2）发挥损害赔偿磋商前置的制度优势，为生态文明建设提供司法保护

该案为汕头市首例生态环境损害赔偿磋商事件，通过磋商前置的方式，提高了赔偿和修复的效率。政府授权具有生态环境监管职能的行政部门，通过平等协商方式向责任方提起修复或索赔以维护生态环境公共利益，提高了环境管理效率，降低了行政和司法成本。同时，在事件办理过程中发挥集中管辖粤东四市环境民事公益诉讼制度优势，不断健全完善生态环境损害赔偿制度，加强与检察机关及相关行政机关的沟通与协调，为当地生态文明建设提供有效的司法保护。

第 4 章

土壤和地下水生态环境损害鉴定评估

4.1 定义及基础理论

4.1.1 定义

土壤和地下水类生态环境损害事件主要指因污染环境、破坏生态造成土壤和地下水发生不利改变以及上述要素构成生态系统功能退化的事件。土壤生态环境损害可直接或间接地导致土壤环境质量在物理特性、化学特性或生物特性上发生可观察的或可测量的不利改变，使其生态系统服务提供能力遭到破坏或退化。土壤污染是造成浅层地下水污染的一个重要原因，在人为活动下土壤中的一些污染物通过淋溶、渗透进入地下水，不断累积进而造成浅层地下水水质恶化，最终形成污染。土壤和地下水类事件一般包括非法排放废水、处置固体废物（包括危险废物）造成的土壤和地下水污染，土壤挖损导致的耕作层消失等类型。

4.1.2 事件特点及工作要点

4.1.2.1 事件特点

土壤和地下水类事件一般具有 3 个显著特点：①由于涉土壤和地下水类事件

一般与固体废物非法填埋、处置等密切相关，事件调查确定过程中污染具有一定隐蔽性，因此难以通过直观或简单调查确定；②土壤和地下水污染成因复杂，尤其是涉及大量历史遗留问题或存在复合污染时，因果关系判定较难，厘清污染治理责任也有一定难度；③填埋物的体积、性质等的确定较困难，填埋物埋藏于地面以下，因此对填埋边界、深度难以直观测量确定；填埋物整体成分多变、复杂，因此对整体填埋物定性较难。

对大气污染、水污染，一般从颜色、气味等容易通过感官先直接观察到，可直观感知污染的发生，而地下水通常距地表有一定深度，包气带将地下水与地表隔开，一般难以用肉眼直接观察，必须进行复杂的采样检测；土壤上一般覆盖植被等，感官指标同样不明显。因此，土壤和地下水污染从产生到发现危害通常时间较长，具有一定的隐蔽性。

污染物在土壤中的迁移、扩散和稀释较慢，因此污染物容易在土壤中不断累积。而含有污染组分的水流通过土壤、包气带进入地下水往往需要一定的渗透时间，所需时间的长短与入渗强度、土壤包气带厚度、岩层的渗透性有关，因此地下水污染具有一定的滞后性。由于上述原因，土壤和地下水污染的确定具有滞后性，成因复杂，因果关系的判定较难，且由于其隐蔽性，土壤和地下水类事件的污染治理较难，成本较高。

4.1.2.2　工作要点

土壤和地下水生态环境损害主要包括废弃物及废水倾倒场地、历史遗留工业场地、矿区及垃圾填埋场不规范经营导致的生态环境损害。基于土壤和地下水类事件的特点，此类事件中的污染调查与因果关系判定是工作重点。

调查土壤和地下水污染时，尤其需注意全局性。不应只注重污染核心区，而应将整个场地及周边环境作为整体。由于污染具有长期性、隐蔽性等特点，在调查污染时应注重土壤和地下水的协同调查，并重点判定污染物的合理迁移路径，对其可能存在的转化进行合理计算。在调查过程中，首先应建立可能污染物清单，根据调查资料、历史数据等，判别特征污染物可能的污染途径及传播载体，确定疑似污染源，调查环境介质中污染物浓度梯度方向，结合数学模拟等相关手段，综合判定污染源与损害结果之间的方向一致性，确定迁移途径在时间及空间上的完整性；除此之外，还可以通过指纹图谱技术、多元统计方法、同位素分析、地理信息技术来确定特征污染物的一致性，最终确定因果关系。

4.2　评估指标及评估方法

4.2.1　评估指标

土壤和地下水污染中常见的污染物包括重金属、有机物等有毒有害物质，这些污染物进入土壤和地下水中，可导致微生物、植物及动物等的死亡。某些污染物（如重金属等）进入环境后难以被生物降解，会通过食物链传递，在人体积累，可能导致周边神经麻痹、运动神经元病、肝功能异常等危害；重金属普遍具有致癌、致畸、致突变的危害，在人体内能和蛋白质及各种酶发生强烈的相互作用，导致蛋白质等失活，并可能在人体的某些器官中富集。土壤和地下水污染类事件的评估指标主要包括：

①清除主要污染源的费用评估；

②受污染土壤和地下水修复至基线所需费用的评估；

③生态服务功能期间损失评估。

4.2.2　土壤和地下水类评估计算方法

土壤和地下水环境受到污染后，应开展修复工作。作为基本原则，应做到"谁污染、谁修复"，并应做到"恢复原状"。此类事件最常用的计算方法为修复费用法，具体如下。

4.2.2.1　清除污染源的费用评估计算

一般而言，当土壤和地下水污染是非法处置固体废物（危险废物）造成时，应对污染源清理处置费用进行评估。首先利用钻探、物探、称量等手段确定需清理的污染物量，再根据其特性，选择适合的处置方法，核算其处置单价，通过计算，评估量化污染源清理处置费。

现场清挖费用：根据需清除的污染物量，确定需要的挖机与铲机数量，核算清挖费用。如目前市场清挖用挖机的斗容量一般为 $1\ \mathrm{m}^3$ 与 $1.5\ \mathrm{m}^3$，每台班单价分别为 2 000 元与 2 700 元左右。铲机费用一般在 500～800 元/台班。

运输费用：核算污染源处置场地与污染地块之间的距离，按照距离核算运输费用，一般为 0.5～1.0 元/（t·km）。

处置费用：生活垃圾填埋处置费用一般为 100～200 元/t，垃圾焚烧处置费用一般为 150～200 元/t，堆肥费用一般为 100～150 元/t，而危险废物处置费用根据危险特性不同，一般为 1 100～4 500 元/t。实际事件中，遇到危险废物倾倒的情况还是相对较少的，大部分事件都集中在一般工业固体废物或生活垃圾的非法倾倒。

4.2.2.2 受污染土壤和地下水修复至基线的费用评估

土壤和地下水污染修复时，应避免二次污染。目前，关于土壤修复的技术已有长足发展，地下水的修复难度相对较大，但也初步建成修复技术体系。为此，根据现场调研情况，确定土壤污染范围及修复深度。根据土壤污染的特点，针对重金属污染，常用恢复技术包括水泥窑协同处置技术、原位化学还原技术、异位化学还原技术、洗脱技术及植物恢复等技术；针对有机物污染，常用恢复技术包括植物修复、原位生物修复、异位生物修复、玻璃化修复、热力学修复、热解吸修复、电动力学修复、换土法等。在实际损害评估工作中，应针对不同的污染情况，选用适当的修复技术，评估土壤修复所需费用。

对地下水污染费用进行评估计算时，应首先确定修复范围，因此需对地下水进行调查，分析受污染地下水类型，包括潜水、承压水等；其次，应收集详尽的地下水分布图，研究确定地下水走向，确定需修复的地下水范围；最后，根据岩层渗透系数，核算需修复的地下水量，选用最合适的恢复方法对地下水恢复费用进行核算。

4.2.2.3 生态服务功能期间损失评估

土地类型不同，土壤会有不同的生态服务功能，因此所采用的生态服务功能期间损失评估方法也会有所不同。森林生态系统服务功能包括保育土壤、森林游憩、涵养水源、固碳释氧、生物多样性保护、净化大气、积累营养物质、物质资源服务。草地生态系统服务功能包括有机物质生产、营养物质保持、土壤保持、固碳释氧及水源涵养。农田生态系统服务功能包括气候调节、净化大气、水资源调节、水土调节、生物多样性维持。地下水生态服务功能包括供给服务、涵养水源、气候调节、水质净化、有机物沉积、病菌消灭、科研文化等服务功能。评估时，应根据地类，选择适当的评估手段进行评估，将在第 5 章详细论述此部分计算方法。

4.3　典型案例

4.3.1　非法填埋固体废物案

4.3.1.1　案情简介

相关责任部门于 2019 年 7 月 1 日到广东省惠州市惠东县大岭街道某地块进行执法检查。经查，该现场存在非法填埋固体废物的情况。

2019 年 7 月 8 日，惠州市生态环境局惠东分局联合惠东县纪委、惠东县公安局、大岭街道办及大岭街道产业园管委会，再次对该地块的固体废物填埋情况进行勘查。联合执法队伍在现场挖掘出大量疑似建筑垃圾和生活垃圾的固体废物。现场未采取任何防渗措施，填埋的固体废物会对现场土壤环境造成污染。

4.3.1.2　生态环境损害鉴定评估过程及结果

（1）生态环境损害鉴定评估过程

惠州市生态环境局惠东分局于 2019 年 10 月委托第三方机构开展生态环境损害鉴定评估。为了解现场非法处置固体废物的性质、处置量及对周边环境的污染状况，第三方机构对现场固体废物的危险特性进行了鉴别，并对填埋现场土壤和地下水污染情况进行了监测，采用物探的方式对现场非法处置固体废物量进行了测量。现场历史卫星影像图及照片如 4-1 所示。

在现场共布设了 24 个点位，采集固体废物样品 36 个。对其腐蚀性、浸出毒性及毒性物质含量等危险特性进行检测，结果显示所有样品的腐蚀性、浸出毒性均未超出相关标准限值的要求。36 个样品中有 1 个样品的毒性物质含量累计值超过标准限值。根据鉴别报告的建议，2019 年 10 月，惠州市生态环境局惠东分局已委托具备资质公司对该部分固体废物进行妥善处置。

为明确固体废物的堆填体积、边界及深度，委托具备资质公司对场地开展了物探工作。结果显示场地内固体废物总方量约为 141 983.51 m^3。物探测量现场如图 4-2 所示。

2015 年 4 月卫星影像图

2017 年 12 月卫星影像图

2018 年 5 月卫星影像图

2018 年 10 月卫星影像图

图 4-1　该地块卫星影像图及现场照片

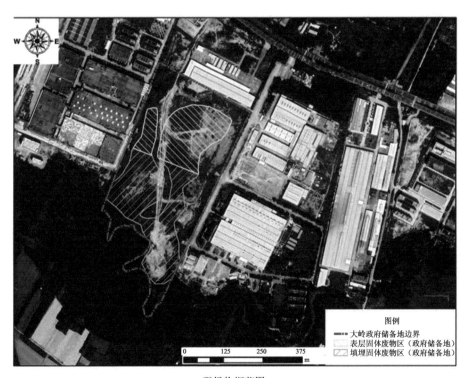

现场物探范围

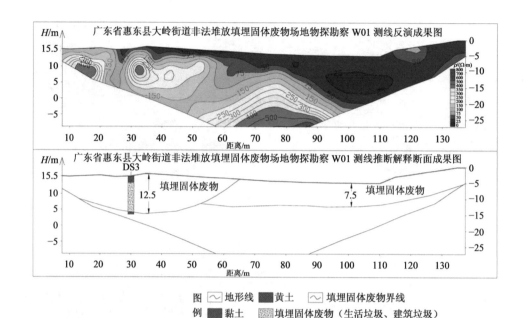

W01 测线结果示意

图 4-2 物探测量现场示意

为了解现场土壤和地下水污染状况，在现场共布设了 58 个土壤采样点和 6 个地下水采样点（含 2 个对照点），共采集 116 个土壤样品和 6 个地下水水样。结果显示土壤检测指标均满足相关标准限值要求。地下水检测结果显示，现场 COD_{Mn}、硫酸盐、氨氮、挥发酚、铁和锰等不同程度超标，但由于对照点也出现相关指标超标的状况且缺少历史数据，污染因果关系判定较难。

（2）鉴定评估结果

该地块未建设任何污染治理设施，现场非法倾倒、填埋了大量的建筑垃圾与生活垃圾，导致土地丧失原有利用价值、土壤结构发生改变，生态环境损害价值量化主要内容包括：①合理处置地块内的固体废物所需费用的计算；②渗滤液所导致的生态损失费用计算；③地块内生态修复费用计算。经鉴定，合理处置地块内固体废物的费用为 4 264.32 万元，渗滤液产生的损害费用为 478.42 万元，场地生态修复费用为 136.66 万元，事务性费用为 58.54 万元，损害评估费用为 143.07 万元，该案造成的生态环境损失共计 5 081.01 万元。

4.3.1.3 典型意义

（1）创新性使用物探技术，精准科学确定填埋量

固体废物填埋过程的随机性、复杂性和不连续性强，使传统的钻探采样加实验室化学分析方法耗时长且成本高。传统钻探一般采用网格布点或者随机布点，采样数量有限，很难全面、精准定位填埋位置，而且钻探方法可能造成固体废物渗滤液中的污染物沿着钻孔向更深处扩散，而大面积开挖查找的工期长、投资大，不利于快速锁定证据。该案创新性使用物探技术，利用合理的时空采样密度，原位无损、速度快且成本较低地获得了填埋物质范围边界、深度，从而确定固体废物填埋量，也为损害评估领域引入各类技术手段开创了较好的示范。

（2）多方有效衔接，评估过程"快、准、好"

评估过程中"团结各种力量"，建立生态环境等行政主管部门之间、司法部门与监察机关之间的良好互动，保障了事件的快速推动。实现了行政监督、刑事责任、民事责任同步追究，构建了严密的责任追究法网。评估过程中调取资料、委托流程进行顺畅，各部门协调办案，鉴别、监测、测量结果准，评估效果与事件反响好。

4.3.2 非法处置石材废渣案

4.3.2.1 案情简介

2015 年 6 月 12 日，相关部门执法人员到达广东省云浮市云城区某废渣堆场进行检查。检查发现该废渣堆场未依法报批建设项目环境影响评价文件，现场未设任何污染治理设施。该废渣堆场于 2015 年 3 月开始建设，2015 年 5 月投入使用。

2015 年 9 月 14 日，环保部门接群众举报，云浮市云城区高峰河、云安区东城河与蓬远河均遭到石材废渣淤泥污染，水体变白严重。云浮市环境保护局执法人员立刻前往现场进行检查。现场检查时发现陆续有车辆前往该堆场堆放石材废渣。

该堆场建有大、小两个石材废渣堆放池，大池面积约 4 000 m^2，深度约 6 m，小池面积约 600 m^2，深度约 2 m，底部有一直径约为 80 cm 的水泥管，池内废渣、废水通过该水泥管排入高峰河，随后沿东城河，最终汇入蓬远河。至 2019 年，现

场检查发现该堆场已被平整用作交通治超车场，现场土地已无任何植被，土地已丧失原有利用功能。非法处置石材废渣对现场土壤生态环境造成污染。

4.3.2.2　生态环境损害鉴定评估过程及结果

（1）生态环境损害鉴定评估过程

为了解现场非法处置固体废物的性质、处置量及对周边环境的污染状况，项目组对非法填埋现场进行了详细踏勘，并对事件相关资料进行收集分析。现场非法处置固体废物前后卫星影像图及照片如图4-3所示。

非法处置前卫星影像图　　　　　　　　　　　非法处置后卫星影像图

图4-3　该地块卫星影像图及现场照片

经资料调研，为明确非法处置固体废物体积，委托具备资质公司对现场进行了勘探。在现场共布设了13个钻孔，钻孔布设如图4-4所示。勘探结果显示，总体勘探深度范围为13.3～18.7 m，其中杂填土深度范围为10.7～16.5 m，原地貌土

（岩）厚度范围为 1.8～2.6 m，勘探结果表明石材废渣平均堆填深度为 13.44 m。

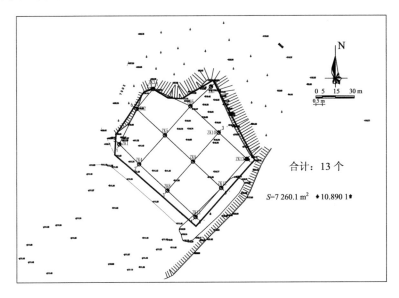

图 4-4　钻孔布设图

此外，根据文献调研，石材厂淤泥从成分上分析通常属于一般工业固体废物。但由于废石粉颗粒较细，粒径小于 30 μm 的颗粒占 57% 以上，未设置环保设施、直接排入环境中时会导致废石粉沉积于周边植物的叶片上，影响其光合作用和堵塞叶片，进而对植物产生危害；当石粉覆盖农田耕地、林地等的土壤时，可导致土壤板结，甚至多年不能种植植物；当石粉大量排入鱼塘时，可导致鱼塘水体缺氧，进而导致鱼群死亡，对周边生态环境造成二次污染。

（2）鉴定评估结果

该地块未建设任何污染治理设施，现场非法堆填了大量的石材，导致土地丧失原有利用价值，且由于石材废渣粒径小，非法处置时常含有较多水分，因此与石材废渣直接接触的土壤会存在板结现象，土壤颗粒与石材废渣无法分离，土壤结构发生改变。因此，生态环境损害价值量化的主要内容包括：①合理处置地块内的石材废渣所需费用计算；②地块内生态修复费用计算。经鉴定，合理处置地块内固体废物费用为 1 202.07 万元，场地生态修复费用为 27.62 万元，损害评估费用为 4 万元，该案造成的生态环境损失共计 1 233.69 万元。

4.3.2.3 典型意义

（1）善用检察建议，"审理一案，治理一片"

在审理该案的同时，云浮市中级人民法院有针对性地向当地生态环境部门发出司法建议书，呼吁加强监管。云浮市生态环境局对司法建议书高度重视，主要领导要求"必须认真办理好'三书一函'，推动行业治乱"，分管领导组织各有关科室、分局认真学习有关建议，专门研究抓好落实，切实改进有关工作。该局积极构建固体废物产生、收集、贮存、转移、运输、利用、处置全过程的监管体系。目前，云浮市石材废渣污染环境现象已经得到有效遏制，石材废渣产生、收集、运输、处置工作已经逐步走上规范化、减量化、资源化轨道，全流程监管体系得到了进一步深化巩固，真正做到"审理一案，治理一片"。为切实抓好石材废渣的规范处置工作，云浮市国资委与云城区、云安区政府共同组建了云浮市洁源环保有限公司，对云浮市石材废渣实行统一收集、统一运输和统一处置，真正将检察建议落到实处。

（2）创新公众参与，提高事件影响力

该案为涉黑事件，涉及的涉黑组织严重危及当地人民群众的人身安全和财产安全，以致当地群众闻"刘氏兄弟"则色变。该案办理过程中多部门通力协作，并对事件中的积极做法进行广泛宣传，通过强化宣传教育，民众自愿接受新闻媒体采访，在有效扩大事件积极影响力的同时，推进"环境有价、损害担责"理念深入人心。

4.3.3 垃圾填埋场污染环境案

4.3.3.1 案情简介

该案发生于广东省肇庆市广宁县某生活垃圾无害化处理场内，该无害化处理场一期工程总占地面积为 46 570 m^2，总库容为 28 万 m^3，2016 年 1 月 12 日通过竣工验收，开始试运行。

该无害化处理场营运过程中产生的生活污水、洗车废水及垃圾渗滤液均通过场内设置独立的污水处理设施进行处理，主要处理工艺为"二级 A/O（MBR）+膜处理（反渗透）工艺"，处理出水达《生活垃圾填埋场污染控制标准》（GB 16889—2008）及广东省地方标准《水污染物排放限值》（DB44/26—2001）

第二时段一级标准的要求后，排入附近排水渠，最终汇入绥江。

但由于该无害化处理场运行不规范，垃圾填埋未严格按照相关标准规范执行，导致填埋场地下水受到污染。且废水处理过程中未按要求投加相应碳源，未配置渗滤液浓缩液处理系统，在实际运行过程中浓水均直接打回垃圾填埋区，增加了渗滤液浓度，最终导致出水水质不达标，对周边水生态环境造成不利影响。

4.3.3.2　生态环境损害鉴定评估过程及结果

（1）生态环境损害鉴定评估过程

为了解该无害化处理场运营状况和对周边土壤、地下水环境的污染情况，对现场进行了详细踏勘，并对事件相关资料进行了大量收集分析。广宁县生活垃圾无害化处理场航拍及现场照片如图4-5所示。

广宁县生活垃圾无害化处理场卫星影像图

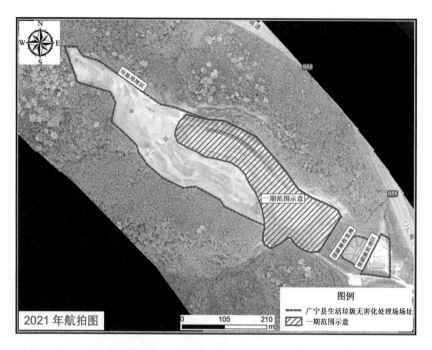

广宁县生活垃圾无害化处理场航拍示意图

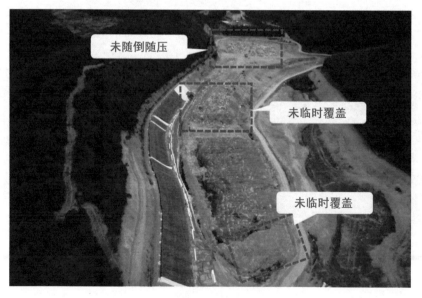

填埋场现场照片

填埋场现场照片

填埋场现场照片

填埋场现场照片

现场照片

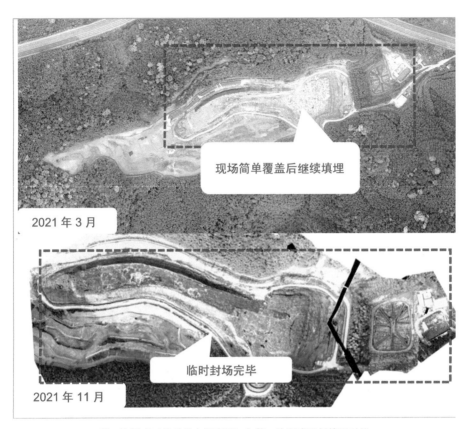

第一次调查（接受公安调查后）与第二次调查现场情况对比

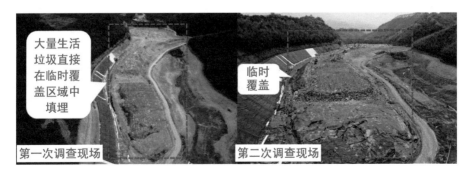

第二次调查（接受公安调查后）与第一次调查现场情况对比

第二次调查（接受公安调查后）与第一次调查现场情况对比

接受公安调查后（4月12日）现场情况

图4-5　生活垃圾无害化处理场航拍及现场照片

经资料调研，历年监督性监测报告及该无害化填埋场自行委托检测报告显示，地下水中总大肠菌群长期超标，氨氮、硝酸亚铁、亚硝酸盐、高锰酸盐指数、锰、铅等指标也存在超标现象。各污染物浓度历年变化情况如图4-6所示。

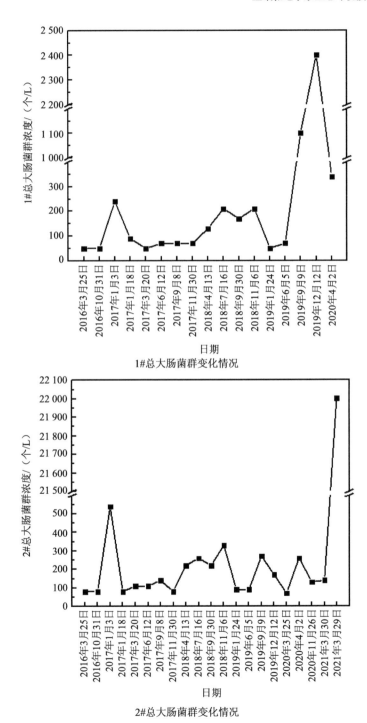

日期
1#总大肠菌群变化情况

日期
2#总大肠菌群变化情况

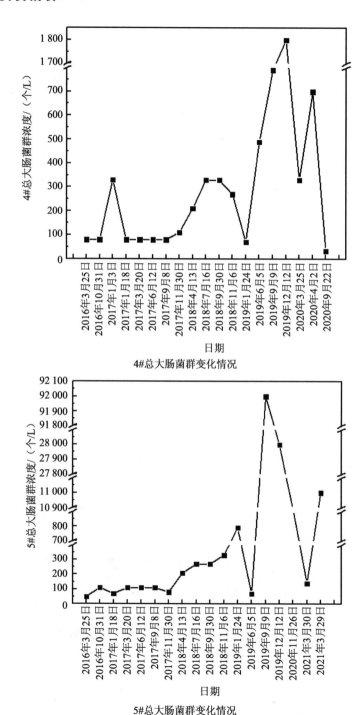

4#总大肠菌群变化情况

5#总大肠菌群变化情况

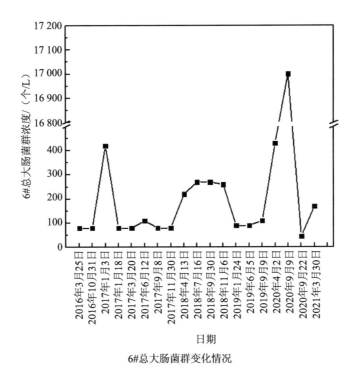

6#总大肠菌群变化情况

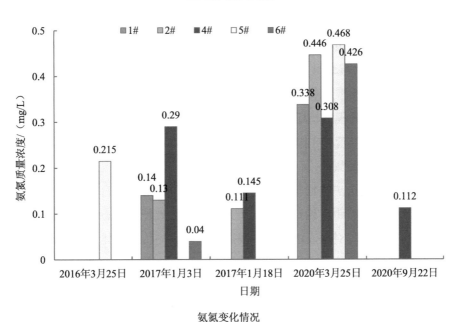

氨氮变化情况

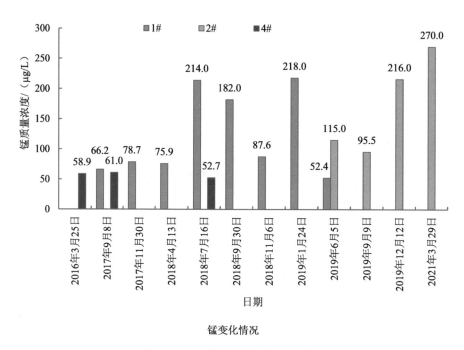

锰变化情况

图 4-6 各污染物浓度历年变化情况

为进一步明确垃圾填埋对现场土壤和地下水的污染情况，委托具备资质公司对现场进行了监测。在现场共布设 16 个土壤采样点、8 个地下水采样点，结果显示土壤指标均满足相关标准要求，地下水中挥发酚、氨氮、溶解性总固体、亚硝酸盐、粪大肠菌群及砷不同程度超标。通过综合分析，确定填埋场特征污染物、地下水走向与填埋场不规范经营存在因果关系，最终确定区域内地下水已被污染。

（2）鉴定评估结果

本次评估利用历史数据与标准基准相结合的方式确定损害评估基线，评估监测报告与基线间的差距，确定损害事实。该无害化处理场生态环境损害价值量化的主要内容包括：①对地表水生态环境造成的损害的价值量化；②对地下水生态环境造成的损害的价值量化。

评估时，对地表水损害费用量化采用虚拟治理成本法，对地下水损害费用量化采用修复费用法。经鉴定：造成的地表水生态环境损害费用为 1 254.11 万元；造成的地下水生态环境损害费用为 2 018.4 万元，其中地下水阻隔费用为 1 018.08

万元；受污染地下水处理费用为 1 000.32 万元。应急处置费用为 83 万元，生态环境损害调查费用为 16 万元，损害鉴定评估费用为 42.5 万元。

此外，由于该无害化填埋场不规范运营，现已被查封，一期填埋区域已临时封场。封场后垃圾渗滤液仍会不断产生，至少持续 10 年，甚至可达 20 年。目前，该公司渗滤液处理系统已处于崩溃状态，无法对无害化处理场中的垃圾渗滤液进行有效处置，现场积存大量垃圾渗滤液。若不对垃圾渗滤液进行妥善处理，垃圾渗滤液将持续产出。当垃圾渗滤液收集池达到容量后，若不进行妥善处理，其污染物会不断向周边环境迁移，导致污染范围进一步扩大。根据该案的特点，为防止损害进一步加剧、污染范围进一步扩大，应尽快恢复现场渗滤液处理系统，并对封场后的垃圾渗滤液进行处理。经鉴定，防止损害发生和扩大所支出的合理费用为 2 977.51 万元。

综上，该事件造成的生态环境损害总费用为 6 391.52 万元。

4.3.3.3 典型意义

（1）创新深度合作机制，支撑刑事诉讼

该案涉及的无害化处理场为合法经营，具有相关手续、环保措施，且超标排放污染物质非危险废物、放射性物质或重金属等物质，在侦办过程中对于"严重污染环境"情形的确定陷入僵局。在此过程中，公安机关、检察机关、生态环境部门及专家评估团队创新深度合作机制，转变思路，寻找突破口，最终在公安机关、检察机关、生态环境部门的强有力支撑下，专家评估团队首次利用"违法减少防治污染设施运行支出 100 万元以上"确定其严重污染环境情形，为污染环境罪形式定罪提供有力支撑。

（2）扫黑督察齐保障，敲山震虎有力量

中央生态环保督察对垃圾填埋场问题高度重视，督察组指出生活垃圾无害化处置能力缺口大，规划的处置设施建设滞后，垃圾渗滤液大量积存，生活垃圾造成的环境污染问题较为普遍。该案即为此背景下广宁县在扫黑过程中发现的污染环境问题，公安机关、检察机关、生态环境部门均高度重视，以雷霆手段扫清案件侦办过程中的各种问题，不仅有效支撑打赢扫黑除恶专项斗争这场攻坚战，同时以司法力量助力当地生态文明建设，并且对同类型合法无害化处理场敲响警钟，有利于规范化管理此类型填埋场。

第 5 章

生态破坏生态环境损害鉴定评估

5.1 定义及基础理论

5.1.1 定义

生态破坏类事件主要指由于污染环境或破坏生态等违法行为导致生态环境退化、生态系统结构及服务功能发生不利改变的事件，主要包括非法排放污染物导致植被大面积死亡，非法采矿、非法采砂及非法挖损、占用农用地等类型。

5.1.2 事件特点及工作要点

5.1.2.1 事件特点

生态破坏类事件具有两个显著特点：①损害事实可见、可测。生态系统处于正常状态时，区域土壤及植被等通常具有较高的稳定性，一旦发生损害事件干扰系统原有结构及功能，其损害范围、程度等表现明显，且均可快速、清晰地测定，受时间影响的程度较小。②区域生态系统遭受破坏的时间一般较长，受损生态环境恢复到基线的时间也较长，从而可能计算得到的期间损失相对较大。

5.1.2.2　工作要点

生态破坏类事件损害评估工作中要把握两个要点：①资料调取要详尽、全面；②现场调查要细致、准确，方案比选要合适、因地制宜。

资料调取对生态破坏类事件的基线确认、损害确认、调查确认、实物量化及因果关系确定均具有重要意义。生态破坏类事件损害鉴定评估过程中所需要的资料包括历年遥感影像图、合法红线范围、土地利用规划及现状类型、林地调查报告。通过历年高清卫星影像图，可较为准确地确定评估基线、逐年破坏面积、实物量化范围，且对于涉及合法项目的事件，资料调取时要尽量详尽，全面地调取其批复范围、文件，否则可能出现损害范围识别不准确导致后续评估失准的情况。不同用地类别及面积与原地块的植被种类等对后续方案比选及损害费用量化具有决定性意义。

现场调查与方案比选是生态破坏类事件损害费用确定的基石与支柱。基于生态破坏类事件损害事实可见、可测的特点，损害评估方法主要采用恢复费用法。生态破坏类事件往往涉及地质、水土保持方面的专业知识，现场调查时需组织地质环境、水土保持及生态环境方面的专家进行现场踏勘，获取准确、详尽的现场调研报告，并综合多学科，结合现场实际比选修复方案，最终通过修复工程费确定损害费用。

5.2　评估指标及评估方法

生态破坏类事件主要包括 3 类：①非法采矿类；②非法采砂类；③非法挖损、占用农用地类。其评估指标及计算方法具体如下。

5.2.1　评估指标

非法采矿、非法采砂、非法挖损及占用农用地等行为均会造成生态环境不可逆的损害（主要包括水土流失、石漠化、地下水污染），且非法采砂还会造成河床下切，影响通航安全。

（1）自然景观损毁，水土流失严重

生态破坏类事件中，非法采矿区、非法尾矿场、非法挖损破坏区域植被遭受

严重破坏，大量边坡裸露，且未按要求设置排水沟、沉砂池等水土保持措施，原
有植被消失，使其防风固沙、涵养水源、净化空气等生态功能丧失。且由于土壤
的挖损、占用，土壤原有耕作层被破坏，土壤肥力严重下降，植被生长的环境进
一步遭受破坏，可能引起更严重的水土流失，加大了后续生态修复工作的难度。
开采后遗留的坑洞及石块改变了区域土壤的分布结构，挖损导致地表土壤损失，
基岩裸露，土地丧失农业利用价值，生态环境退化，最终可能出现石漠化现象。

（2）基质系统受损，导致生态系统破坏

大规模、无节制的采矿活动导致陆地表面土壤、水体底流区（水体地表水层
和地下水层之间的过渡带）生物带（如水生植被和底栖动物等）的种质资源库受
到严重破坏，造成其群落结构与功能受损，破坏生态系统食物链和食物网结构，
致使生物多样性骤减。而且由于非法采矿与采砂均破坏了区域基质系统，使支撑
生物多样性的环境系统消失，生物多样性受影响显著。科学研究表明，大规模的
采矿行为可导致开采区陆生动物、植物、底栖动物急剧减少，甚至某一物种消失。
同时，对采砂区周边的间接影响水域而言，采砂也造成水体浊度显著升高，进而
导致底栖动物群落密度和生物量显著下降。而且非法采砂可能引起河床的底流区
底质退化、河道改变、护堤坍塌，严重影响通航安全。

生态恢复主要涉及主动恢复和被动恢复两个方面。被动恢复主要依靠生态系
统自身的恢复能力来改进生态系统中群落的结构和功能。一般在干扰结束后，生
态系统开始自我修复。然而，生态系统的被动修复往往需要苛刻的先决条件：
①生态系统可恢复，主要是指生态系统可以恢复到与原初生境相近的状态；②生
态系统复原能力，指生态系统遭到干扰后恢复至原初状态的能力；③物种适应能
力，指生态系统内物种自身对环境的适应能力；④环境容纳量，指环境可承载的
最大种群大小。被动恢复一般发生在自然力干扰状态下或者人为干扰较小的环境
中。而针对生态破坏类事件实施强度，一般均需进行人工恢复。

（3）水污染及损失

非法采矿改变了地表水与地下水的转化关系。开采前地表水对地下水的补给
较稳定，矿山排水后使地下水水位区域性下降，致使河流地表水直接回灌地下，
地表水流量明显减少或枯竭断流，处于滨海区域的则会引起海水倒灌。当因采矿
发生裂隙甚至引起地面塌陷使裂缝延展到地面时，地表水会通过导水裂隙带下渗

补给矿坑水，再通过机械排出地面，流入河谷，破坏了地表水与地下水的天然水力联系。此外，非法采矿加速了降雨和地表水的入渗速率，同时减少了蒸发消耗量。采矿前，受地下水储量的调节，地下水埋藏较浅且以横向运动为主，运动速度较慢，从补给到排泄的时间较长，从而有利于蒸发消耗。采矿后，地下水因不断被疏降，储量越来越少，漏斗范围越来越大，浸润线比降越来越大，地下水埋藏越来越深，运动速度加快，且运动方向由天然状态下的横向运动为主逐步改变为垂向运动为主；特别是受地表裂隙塌陷的作用，不仅地表水向地下水的转化加强，而且降雨入渗的速率加快，因而不利于蒸发消耗。

使用机船大量开采河砂，将河床由砂床变成砾石床，会降低河床的持水能力，减少含水层厚度，同时对地下水的补给量也相对减少。当上游来水量较少，河流变成潜流且水位低于周边地下水水位时，河流补给地下水功能完全丧失，可能导致周边地下水向河流反渗透，致使地下水水位降低。如珠江三角洲河网区在 1990 年以前，咸潮仅限于口门附近。1990 年以来，由于建筑及填地用砂量猛增，无序无度的采砂引起河床严重下切，使得咸潮上溯问题突出，影响枯季河口地区的引淡供水。1999 年 3 月，广州曾因咸潮影响，石溪、河南、鹤洞和西洲水厂间歇性停产。珠海磨刀门水道因大规模的采砂活动，也导致近年多次出现咸潮上溯现象，对淡水供应造成严重影响。

综上，生态破坏类事件会造成农用地损毁，水土流失严重，生态环境基质系统被破坏，生态环境服务功能降低甚至丧失，生物多样性降低，生物量减少，因此评估指标主要包括：

①地质环境治理费用评估；

②被破坏生态环境（土壤及植被）恢复费用评估；

③生态环境基质系统修复费用评估；

④生态服务功能期间损失评估；

⑤生物量损害价值评估。

5.2.2　评估方法

生态环境受到破坏后，应开展恢复工作。作为基本原则，应做到"谁破坏、谁恢复"，并应做到"恢复原状"。为此，量化计算生态环境损害时，应依据"恢复原状"的原则开展，以生态环境修复费用及价值替代的方法作为主要量化计算结果。不同类型生态破坏事件的评估指标与内容存在一定差异，但其评估方法均可概括为恢复费用法与价值评估法，只是在使用评估方法时，对评估指标的选取应具体问题具体分析，在参数选择上应坚持因地制宜的原则。3 种常见生态破坏类事件的评估内容如表 5-1 所示。

表 5-1　3 种常见生态破坏类事件的评估内容及评估方法

序号	评估指标	评估内容	非法采矿	非法采砂	非法挖损、占用农用地
1	地质环境治理费用评估	回填压脚、削坡、挡土墙、截排水系统	☑	☑	☐
2	被破坏生态环境（土壤及植被）恢复费用评估	土地复垦、植被恢复	☑	☑	☑
3	生态环境基质系统修复费用评估	生态环境基质系统	☑	☑	☐
4	生态服务功能期间损失评估	森林生态系统、农田生态系统等	☑	☑	☑
5	生物量损害价值评估	生物量损失	☐	☑	☐

5.2.2.1　地质环境治理费用评估方法

地质环境治理费用评估主要针对非法采矿及采砂类事件，非法采矿可能导致出现裂缝、滑坡、塌陷等地质灾害。矿山地质环境治理主要是从在采空区、尾矿场等区域开展回填、削坡和修建挡土墙、拦石坝及截排水系统等工作方面入手，预防裂缝、坡面下部临空面等区域坍塌，同时避免因雨水冲刷，造成泥石流、废渣流失、水体污染、河道堵塞等二次污染。

非法采砂地质环境治理主要针对采砂导致的河道心滩、河岸裂隙带及坍塌、滑坡区域。评估时应对裂缝、滑坡、塌陷等分布区域及河岸退缩严重区域进行调查。调查内容包括裂缝、河岸退缩严重区长度和滑坡体高度。选用适当的工程手段进行护坡，常用挡土墙，评估计算时应注意挡土墙墙趾埋深应低于冲刷深度 1 m。地质环境治理费用评估时，主要通过核算各类修复工程技术工程量来确定工程费用。

5.2.2.2 被破坏生态环境（土壤及植被）恢复费用评估方法

生态破坏类事件一般同时涉及土壤与景观植被，评估时应对其进行复垦，使其恢复至基线水平。非法采矿类事件通常会导致山体基质破坏、原始植被被破坏并消失、表层营养土剥落、山体基岩裸露、植被生长条件缺失，且非法采矿产生的建筑垃圾、尾矿、废渣堆场占用土地。非法采砂类事件的土壤及植被恢复主要在采砂区两岸受影响区域及砂场、尾矿场。非法挖损、占用农用地事件的土壤及植被恢复重点在于耕作层恢复。因此，在进行修复前，应根据现场损毁土地情况及土地类型资料，明确复垦的目标和任务、各阶段拟复垦土地的位置及面积范围。常采取的工程技术措施为拆除清理工程、表土剥离工程、覆土工程、表土翻耕与平整工程、土地培肥工程、植被恢复工程及生态修复配套工程（如灌溉、定期监测、田埂修筑等）。通过核算各类工程费用，计算被破坏生态环境（土壤及植被）恢复费用。

（1）拆除清理工程

在生态破坏类事件中，生态修复区内常存在废渣（石）、建筑物等，占用土地，恢复时应首先对非法采矿区、堆砂场及土地占用区的临时搭建建筑物等和路面硬化及生产设备等进行拆除。通过拆除工程量与废渣等的处置费用，核算拆除清理工程费用。构筑物拆除断面如图 5-1 所示。

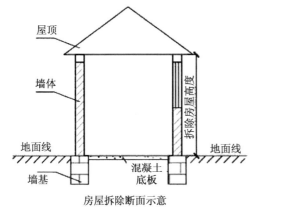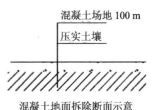

图 5-1　构筑物拆除示意

（2）表土剥离工程

长期被尾矿、尾砂及其他堆积物占用的土地的土壤结构发生改变，丧失原有功能或可能存在污染风险。针对此类情况，应对表层土采取剥离工程。剥离时需结合损毁区域土壤现状，确定需清理的厚度。剥离后的表土堆存于场外堆土场，表土堆高不超过 4 m。同时，表土堆场坡脚也应采取干砌石挡墙挡护，同时配套排水土沟进行防护。通过核算剥离时的机械费、临时堆土场租用费、防护费，核算表土剥离工程费用。

（3）覆土工程

非法采砂、非法挖损及占用区域大面积土壤均已损毁，耕作层或表层营养土层已基本被破坏并伴随水土流失进一步被破坏，剩余土壤层难以满足植被或农作物的生长条件，且难以通过短时间配肥恢复，因此对于表层土被破坏的生态破坏类事件，应进行营养土回填。根据《土地复垦质量控制标准》（TD/T 1036—2013）中的山地丘陵区土地复垦质量控制标准，水田需覆土 50 cm，旱地需覆土 40 cm，有林地需覆土 30 cm。通过核算覆土工程量，确定覆土工程费用。表土覆回工程示意如图 5-2 所示。

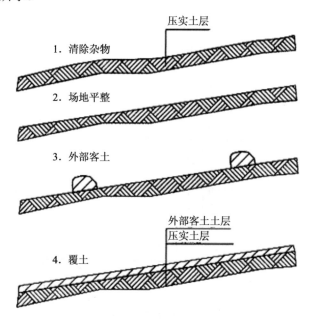

图 5-2　表土覆回工程示意

（4）表土翻耕与平整工程

复垦前期，在拆除地表构筑物后，应对复垦区表层采用履带式拖拉机和铧犁进行翻耕，翻耕厚度一般为 30 cm。若项目区地形坡度较小，无陡坎地形，翻耕后覆土即可，不需再单独设计平整工程；若地形坡度较大，需开展平整工程。通过翻耕与平整工作量，可核算表土翻耕与平整工程费用。

（5）土地培肥工程

回填客土的土壤结构已遭到不同程度的破坏，与直接作为耕地利用还存在差距，土壤营养状况也需改良与维护。土地培肥时，常采用增施有机肥料、提高土壤肥力的方法。有机质是土壤肥力的重要影响因素，提高土壤有机质含量对复垦后土地的快速恢复有非常重要的作用。在改良土壤过程中，将有机肥料和无机肥料配合施用，以有机肥料为主。水田及旱地有机肥施用规格为 2 000 kg/hm²，有林地施用规格为 1 000 kg/hm²。通过核算培肥频次与有机肥、无机肥量，计算土地培肥工程费用。

（6）植被恢复工程

根据当地植物现状，再根据植被筛选原则，确定修复树种。种植技术参见《造林技术规程》（GB/T 15776—2016），确定所需植株数。植树施工工序为植物材料选择→场地平整→种植穴的挖掘→种植植物→回填土壤→浇水。采用"三埋两踩一提苗"栽植技术，最后浇水灌溉。生态恢复林种植图解如图 5-3 所示。植被恢复时一般采用"草+灌+乔"的方法，灌木与乔木的比例一般取 9：1，灌木常用种植株距为 2 m×2 m，乔木常用种植株距为 5 m×5 m。结合需要的修复面积，计算所需苗木数量，并计算植被恢复工程费用。

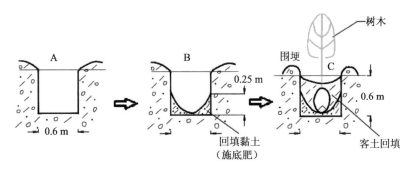

图 5-3 生态恢复林种植图解

（7）生态修复配套工程

生态修复配套工程包括修筑排水沟、田埂、蓄水池等。为保护新复垦旱地及水田区水土资源，保证雨水天气下旱地内雨水能够及时排出，需在修复区域修建排水沟。常用排水沟参数及每米工程量如表 5-2 所示。

表 5-2　常用排水沟参数及每米工程量

排水沟型号	土方开挖/m³	土方回填/m³	M10 浆砌石/m³	M10 砂浆抹面/m²	C20 混凝土/m³
排水沟	0.6	0.068	0.24	1.4	0.1

在对农用地进行修复时，涉及的水田、旱地均需修筑田埂。根据复垦后的田块面积大小划分田块线，埂坎布置应与周边的原有耕地地块的埂坎相协调，以利于耕种和农田灌溉。田埂修复时可采用原土，也可采用浆砌石；值得关注的是，根据《全国高标准农田建设规划（2021—2030 年）》内容，田埂应采用浆砌石。一般梯形断面土埂设计上底宽 30 cm，下底宽 50 cm，高 50 cm，田埂顶面高出田面线 20 cm。浆砌石田埂设计上底宽 40 cm，下底宽 60 cm，高 80 cm，田埂顶面高出田面线 50 cm。

土地复垦后需灌溉，因此生态修复工程中需配套修建蓄水池。蓄水池通常采用圆形池体，水池内半径 3.3 m，水池深 3.4 m。池内设置 1 m 宽的钢筋混凝土梯步，步宽 30 cm，步高 20 cm，采用 M7.5 浆砌砖支撑式安装。池底为现浇 C20 混凝土底板加 φ8 钢筋，底板厚度 20 cm。为防止渗漏，在池壁与底板结合处做贴角处理。为避免人畜坠入，蓄水池设置 1.2 m 高、0.12 m 厚的 M7.5 砂浆砌砖栏杆，平均每隔约 2 m 增加立柱，立柱长 0.24 m、宽 0.24 m、高 1.2 m。安全起见，在门口设置一道安全门，另在池壁顶部设置进水口和出水口。进出水口段长度根据实际情况进行安排。

5.2.2.3　生态环境基质系统修复费用评估方法

生态环境基质系统修复费用评估主要针对采砂与采矿类生态破坏事件。因此在评估量化过程中应统筹考虑自然地理单元的完整性、生态系统的关联性、生态环境要素的综合性，遵循基于自然的解决方案，深入推进山水林田湖草沙一体化保护修复和系统治理理念。

而非法采矿与非法采砂事件发生期间，在盗采国家矿产资源的同时，对生态环境造成了严重破坏。因盗采矿产资源的特殊性，导致的这种生态破坏是长期的，且由于盗采量巨大，被破坏的生态环境极难自然恢复。非法开采的矿产资源已基本被卖出以牟取利益，生态环境难以做到全部"恢复原状"，且在很长一段时间内无法复原。目前对生态环境基质系统的生态服务功能研究尚处于空白阶段，但评估过程中不应忽视由非法采矿、采砂导致的生态环境基质系统生态服务功能的降低甚至损毁。目前对基质系统的生态服务功能价值评估方法未有权威研究，因此在量化计算生态环境损害时，可依据"恢复原状、价值替代"的原则开展。

生态环境基质系统修复费用评估利用价值替代开展，损害评估时主要是进行功能替代，即以对其开展同等功能的工程替代的费用来核算生态系统基质损害价值。非法采矿、采砂事件通常开采方量巨大、破坏面积巨大，生态系统所遭受的破坏同样巨大。功能替代时对应恢复行动可分解为基质系统恢复、微生物系统演替恢复、植物生态系统演替恢复及动物（水生生物）生态系统演替恢复等。但由于微生物、水生动物等的系统配置需依据实际情况，且恢复难度大、耗时长，目前尚未有成熟的核算恢复价值的方法，损害评估时可暂时不对此部分费用进行核算，先对基质系统价值进行核算。基质系统价值与其开采数量直接相关，评估原则为通过核算原有生态系统上的基质（即矿产资源等）恢复至原处的经济价格（市场价格）来核算基质的价格。综上，此部分费用评估时主要利用矿产资源市场价格核算生态环境基质系统修复费用，因此评估过程中选取矿产资源价格时应多方询价或采用当地价格中心出具的权威证明。

5.2.2.4　生态服务功能期间损失评估方法

自然界中的生态系统类型种类繁多，其生态系统服务功能各具特色。生态系统服务功能价值评估方法研究正处于飞速发展阶段，生态系统服务功能价值评估方法繁多，许多领域尚未形成统一标准，因此其服务功能期间损失的评估难度较大。目前，生态破坏类事件中涉及较多的生态系统类型主要包括森林生态系统及农田生态系统，本书主要对这两类生态系统的服务功能期间损失评估方法进行介绍，详细方法如下。

（1）森林生态系统服务功能损失评估方法

参照《环境损害鉴定评估推荐方法（第Ⅱ版）》，期间损害指生态环境损害发生至生态环境恢复到基线状态期间，生态环境因其物理特性、化学特性或生物特性改变而导致向公众或其他生态系统提供服务的丧失或减少。鉴于大多数事件发生后无法及时获取调查的区域林地相关矢量数据，且开展环境损害评估期间，涉事区域尚未开展系统的、符合规范的生态环境修复工作，因此非法采矿期间损失的计算主要围绕生态环境损害发生至生态环境损害评估基准年期间生态系统服务的损失量。

依据《环境损害鉴定评估推荐办法（第Ⅱ版）》，期间损害计算公式如下：

$$H = \sum_{t=0}^{n}(R_t \times d_t) \times (1+r)^{T-t} \tag{5-1}$$

式中：H—— 期间损害量；

t—— 评估期内的任意给定年（0～n 之间）；$t=0$ 表示起始年，是损害开始年或损失计算起始年；$t=n$ 是终止年，指不再遭受进一步损害（或者通过自然恢复达到，或者通过基本恢复措施达到）的年份；

T—— 基准年，也叫贴现年，一般是进行损害评估的年份；

R_t—— 受影响的资源或服务的单位数量；对于资源，该参数可能是个体数量、生物量、寿命值、子女数量、能量、生产率或对生物、生态系统具有重要影响的其他量度；对于服务，该参数可能是受影响的栖息地面积，也可能是河流长度或其他栖息地的面积等；

d_t—— 损害程度，指资源或服务的受损程度，用选择的量度衡量；损害程度随时间变化，可以是损害的个体数量，对于亚致死效应而言，也可以是预期寿命或生物数量的减少；

r—— 现值系数，采用现值系数对过去的资源或服务损失进行复利计算和对未来的资源或服务损失进行贴现计算，推荐采用 2%～5%，一般选取 3%。

《森林生态系统服务功能评估规范》（GB/T 38582—2020）中规定：根据我国森林生态系统研究现状，本标准在森林生态系统服务功能评估中最大限度地使用森林生态站长期连续观测的实测数据，以保证评估结果的准确性。本标准所用数据主要有 3 个来源：①森林生态要素全指标体系连续观测与清查（简称"森林生态连清"）数据集，具体按照《森林生态系统长期定位观测方法》（GB/T 33027—2016）

和《森林生态系统长期定位观测指标体系》（GB/T 35377—2017）的规定；②森林资源连续清查数据集或森林资源二类调查数据集；③权威机构公布的社会公共资源数据集。

根据要求，评估中大量数据需实测。但由于评估现场降雨量、径流量等数据的实测需处于特定天气条件下，且需长期测量以保证数据的权威性，因此评估过程中可选择采用《森林生态系统服务功能评估规范》（LY/T 1721—2008），评估生态破坏行为造成的生态系统服务功能期间损害，主要包括涵养水源、保育土壤、固碳释氧、林木养分固持、净化大气环境、森林防护、生物多样性保护等方面的功能损失。《森林生态系统服务功能评估规范》（LY/T 1721—2008）中相关计算公式为长期经验总结所得，故在计算中具有广泛适应性，可沿用式（5-1）。

数据方面，可选用长期连续定位观测研究数据、国家林业部门森林资源清查数据、地方林业部门森林资源清查数据、权威机构公布的社会公共资源数据、文献调研成果、专家咨询结果、市场询价等。

植被复绿后并不能即刻达到其未被破坏前应具有的生态服务功能，需一定的恢复期，一般为 5～10 年。若保守计算，可按最低值 5 年进行计算，平均每年恢复 20%。具体公式参照《森林生态系统服务功能评估规范》（LY/T 1721—2008）。

（2）农田生态系统服务功能损失评估方法

对于农田生态系统，目前还没有发布系统的农田生态系统服务功能价值评价框架和完善的评价指标体系。因此，评估时可参照《生态环境损害鉴定评估技术指南 总纲和关键环节 第 1 部分：总纲》《农业环境污染事故司法鉴定经济损失估算实施规范》等规范要求，结合《农田生态环境损害价值核算》[1]，计算破坏生态行为造成的农田生态系统服务功能期间损失。

根据《农田生态系统服务功能研究进展》[2]，农田生态系统服务功能包括生态功能（调节气体、补给地下水、蓄水、去除污染物、减少土壤侵蚀、持留养分、减少病虫害等）及生活功能（生态农业旅游、相关农业科研投入），具有气体调节服务、土壤种植服务、水质调节和社会作用。因此，农田生态系统服务功能价值包括固碳释氧、土壤保持、养分物质循环、维持生物多样性、净化水质与涵养水源和文化与社会保障价值。对其量化如下。

①固碳释氧价值损失。

农田土壤具有固碳释氧价值，主要表现为农作物经光合作用吸收二氧化碳和释放氧气的作用。固碳释氧价值损害实质上是农产品产量损害，所以其基线水平与农产品产量基线水平一致。在判断损害事件地区固碳释氧价值损失时，可量化参数是农产品干物质重量。可根据农作物所产生的干物质量进行计算，包括秸秆和果实干重。因此，可根据历史数据或参考点位获取未发生污染前的干物质重，作为评价基线水平。干物质量计算方式如下：

$$W = \sum_{i=1}^{n}(1 - E_{wi}) \times \frac{D_i \times a \times A_i}{E_{ci}} \qquad (5-2)$$

式中：W —— 已受损农作物的干重，kg；

E_{wi} —— 第 i 种已受损农作物的含水量，%；

D_i —— 正常年份第 i 种农作物单位产量，kg/hm²；

a —— 受污染事件影响的第 i 种农作物的减产幅度，%；

A_i —— 第 i 种农作物受害面积或数量，hm²；

E_{ci} —— 第 i 种已受损农作物的经济系数。

固碳释氧损失计算公式如下：

$$L_1 = \sum_{i=1}^{n} D_{CO_2} \times W_i \times P_C + \sum_{i=1}^{n} D_{O_2} \times W_i \times P_O \qquad (5-3)$$

式中：L_1 —— 固碳释氧价值损失，元；

D_{CO_2} —— 光合作用每生产 1 kg 干物质需要的 CO_2 含量，kg/kg；

D_{O_2} —— 光合作用下每生产 1 kg 干物质释放的 O_2 含量，kg/kg；

W_i —— 第 i 种已受损农作物的干重，kg；

P_C —— 固碳成本，元/kg；

P_O —— 制氧成本，元/kg。

②土壤保持价值损失。

农田土壤在受到污染后，使农作物受损、地表植被枯萎死亡等。相关研究表明，植被在防止水土流失和肥力流失方面具有一定功效。在此分析基础上，可从三方面分析其价值，分别为土壤侵蚀、土壤肥力和减少沙尘。土壤保持价值恢复标准可参照对照区价值进行计算。土壤污染或生态破坏造成植被覆盖面积减少、土壤耕层厚度变化，影响植物生长与土壤保持量。损害事件发生后的土壤保持量与传统土壤保持量的不同在于损害事件之前生态环境大多处于正常状态，养分相对平衡、土壤耕层相对稳定。污染物使农作物减产、绝收，造成地表非正常季节下的裸露和土壤流失。所以本书以耕层土壤比重计算土壤流失量。计算公式如下：

$$A_1 = A \times (h_b - h_a) \times (1 - C_r) \times \rho \tag{5-4}$$

式中：A_1 —— 损害事件中农田受污染区土壤流失量，kg；

A —— 损害事件中的农田面积，m^2；

h_b —— 损害事件之前的土壤耕层厚度，m；

h_a —— 损害事件之后的土壤耕层厚度，m；

C_r —— 损害事件之后的农田土壤植被覆盖率，%；

ρ —— 土壤容重，kg/m^3。

土壤保持价值损失计算公式如下：

$$S = A_1 \times P_s + \sum S_{ni} \times P_{ni} \tag{5-5}$$

式中：S —— 土壤保持价值损失，元；

A_1 —— 损害事件中农田受污染区土壤流失量，kg；

P_s —— 购买单位面积土壤的价格，元/kg；

P_{ni} —— 第 i 种养分的市场价格，元；

S_{ni} —— 第 i 种养分的物质损害量，kg/kg。

③维持生物多样性价值损失。

生态系统具有保护和维持生物多样性的作用，农田生态系统同样也具有此类功能价值。这主要体现在农作物或农田土壤植被间授粉和种质资源保存等。其损害量化主要表现于受损农田所具有的单位面积生物多样性价值。本书在此采用由谢高地等[3]研究的单位生态系统服务价值当量因子和中国不同陆地生态系统单位面积生态服务价值进行价值量化。维持生物多样性价值损失计算公式如下：

$$B = E \times V \times A_{s} \qquad (5\text{-}6)$$

式中：B —— 维持生物多样性价值损失，元；

E —— 生物多样性保持当量因子；

V —— 单位面积价值量，元/hm^2；

A_{s} —— 农田土壤受害面积，hm^2。

④净化水质与涵养水源价值损失。

土壤除保证农产品养分供给外，一直是净化水质与涵养水源的利器。净化水质与涵养水源价值损失量化采用土壤蓄水量计算方法，以土壤毛管静态蓄水量法 [4, 5]计算，公式如下：

$$S_{w} = S_{wa} - S_{wb} \qquad (5\text{-}7)$$

式中：S_{w} —— 损害事件农田土壤饱和蓄水损失量，t/hm^2；

S_{wa} —— 农田土壤正常饱和蓄水量，t/hm^2；

S_{wb} —— 发生农田土壤污染后饱和蓄水量，t/hm^2。

净化水质价值损失计算公式如下：

$$L_{2} = W \times S_{w} \times A_{c} \qquad (5\text{-}8)$$

式中：L_{2} —— 净化水质价值损失，元；

W —— 水体价值，元/t；

A_{c} —— 损害事件农田土壤受害面积，hm^2。

涵养水源价值损失计算公式如下：

$$L_{3} = A_{c} \times S_{w} \times V \qquad (5\text{-}9)$$

式中：L_{3} —— 涵养水源价值损失，元；

A_{c} —— 农田土壤受害面积，hm^2；

V —— 水库建设单位库容价格，元/t。

⑤文化与社会保障价值损失。

文化娱乐作用是生态旅游新发展出的一项生态价值。有部分农村地区进行生态旅游建设，发展旅游经济。当污染发生时，其旅游量必定受到影响，因此，在进行打分判断时应酌情考虑，采取现场调查方式，根据结果进行判定。文化与社会保障价值损失计算公式[6]如下：

$$L_4 = A_c \times P + N \times M \times r \qquad (5\text{-}10)$$

式中：L_4 —— 文化与社会保障价值损失，元；

A_c —— 农田土壤受害面积，hm^2；

P —— 文化娱乐价值当量，元/hm^2；

N —— 受损农田的保障人数，人；

M —— 污染区所属城市社会保障标准，元/人；

r —— 污染区所属城市农村与城市居民消费开支比值。

一般而言，至少需种植三造（1.5 年）才能使农田恢复至原状，因此评估时应计算至修复工程完成后 1.5 年。

5.2.2.5 生物量损害价值评估方法

水利部原部长鄂竟平指出，健康水生态，就是要把河流生态系统作为一个有机整体，坚持山水林田湖草综合治理、系统治理、源头治理，坚持因地制宜、分类施策，统筹做好水源涵养、水土保持、受损江河湖泊治理等工作，促进河流生态系统健康。"重在保护，要在治理"是习近平总书记提出的具有方向性的战略要求。对水资源管理而言，"重在保护"指江河治理最重要的是生态保护，不能有水生态问题；"要在治理"指全面加强河湖监管，严格规范采砂等涉水活动。其中，持续开展河湖"清四乱"（乱占、乱采、乱堆、乱建）行动，管好"盛水的盆"和"盆里的水"是当前江河治理的关键。

河道含砂层具有一定的特殊性。自然河流的河水流动会携带一定量的泥沙，泥沙在水流变慢、遇到阻碍等情况下均可能发生沉积，逐渐在河床上形成含砂层。非法采砂行为无规划、无序且单位时间开采量巨大，所导致的河流自然生态破坏一般较为严重，自然恢复的时间更长、难度更大，部分被严重破坏的河段甚至失去了自然恢复的可能。根据相关文献调研的结果，采砂后河流生态系统的物理恢复年限可达 5～10 年，而生物恢复可能达 10 年以上。众多水生生物中，底栖生物的恢复最慢，其恢复时间甚至在 20 年以上。河流生态系统组成复杂、自然恢复时间长，经过多年的非法采砂，已经被彻底破坏，其造成的生态价值损失是复合的、叠加的。非法采砂破坏的主要对象包括基质（河床及河砂）、底栖生物、浮游动物、鱼类等。生态恢复过程应包括以上所有组成因素的恢复。一般而言，底栖生物移动较小，相对比较固定，且浮游生物暂无经济价值衡量标准，因此估算时可选择优先量化底栖生物损失。

底栖生物资源损失量按下述公式进行计算：

$$W_i = D_i \times S_i \tag{5-11}$$

式中：W_i —— 第 i 种生物资源损失量，kg，在此为底栖生物资源损失量；

D_i —— 评估区域内第 i 种生物资源密度，kg/km^2，在此为底栖生物资源密度；

S_i —— 第 i 种生物占用的水域面积，km^2，在此为河砂开采面积。

评估区域内的底栖生物资源密度可根据现场采样调查获取，基线生物量可根据历史调查数据、文献调查及背景点数据多方对比确认，由此确定底栖生物资源损失量。生物量损害价值按下述公式进行计算：

$$M = W \times V \times A \tag{5-12}$$

式中：M —— 生物量损害价值，元；

W —— 底栖生物资源损失量，kg；

V —— 底栖生物的商品价格，按当地主要经济类底栖生物的平均价格计算，元/kg；经市场调研，经济类底栖生物（贝类）的市场价格一般为 4.0～8.0 元/kg，其平均价格可取 6.0 元/kg；

A —— 当进行生物资源损害赔偿时，应根据补偿年限对直接经济损失总额进行校正。河砂开采对底栖生物造成不可逆影响，资源损害的补偿年限应不低于 20 年，按 20 年计算 [《建设项目对海洋生物资源影响评价技术规程》（SC/T 9110—2007）]。

5.3 典型案例

5.3.1 非法采矿+非法占用农用地案

5.3.1.1 案情简介

广东省揭阳市惠来县发生一起非法占用农用地进行采矿的违法事件。经依法侦查查明,该采石场分为 A 区和 B 区,A 区于 2007 年开始建设并经营至今,B 区于 2015 年开始建设并经营至今,均存在超范围开采建筑用花岗岩矿并非法占用林地作为石料开采区、建筑区、碎石加工区、机器堆放区、堆料区、进采石场道路等违法行为。

经揭西县林业局林业工程技术人员现场勘查测算,并结合相关部门提供的使用林地审核同意书,该采石场 A 区使用林地面积 181.1 亩(1 亩≈666.7 m²),其中经批准使用的林地面积 30.75 亩,已使用林地面积 21.1 亩,已使用的 21.1 亩林地中有 9.75 亩在矿区范围内,11.35 亩为经林业部门批准使用的林地面,剩余 9.65 亩未使用,国土部门批准的采矿范围面积为 30 亩,老采坑面积为 39.3 亩,A 区未经林业、国土主管部门审批同意但实际使用的林地面积为 100.45 亩。

B 区使用林地面积 147.4 亩,其中经批准使用的林地面积 30 亩,已使用林地面积 11.7 亩,剩余 18.3 亩未使用,国土部门批准的采矿范围面积为 30 亩,未经林业、国土主管部门审批同意但实际使用的林地面积为 105.7 亩。非法占用农用地进行采矿、修建矿石加工厂等对当地生态环境造成了巨大不良影响。

5.3.1.2 生态环境损害鉴定评估过程及结果

评估过程中对超范围采矿及非法占用农用地区域开展了详细调查。经调查,该公司非法开采花岗岩过程未履行《中华人民共和国水土保持法》《开发建设项目水土保持方案管理办法》等规定的水土保持职责,未委托相关单位编制矿山开采的水土保持方案,未采取任何有效的水土保持措施,从而造成了开采区域较为严重的水土流失。该采矿场遥感影像及现场照片如图 5-4 所示,可见开采区生态环境、植被及自然景观遭到严重破坏,已无法自然恢复。而尾矿堆积区、机器堆放区、建筑区植被已被完全破坏,遇暴雨、台风等不良天气时,易发生水土流失,扬尘等会造成次生污染。

采石场 A 区、B 区遥感影像

A 区现场图

B 区现场图

图 5-4 采石场遥感影像及现场照片

立足详尽的现场勘查，结合相关事件资料，确定其损害，并分析损害行为与结果之间的时间先后顺序，建立破坏生态行为导致生态系统结构、过程与功能受损的损害原因（源）—损害方式（路径）—损害后果的因果关系链，破坏事实清晰。评估时按照 "谁破坏、谁恢复" 并应做到"恢复原状"的思维对水土流失严重、裂隙、垮塌严重的区域开展水土保持工程，评估其生态修复费用。经鉴定，该案造成的生态环境损失共计 2 406.37 万元。

5.3.1.3　典型意义

（1）实现"0"的突破，让政府买单修复时代成为历史

在过去很长的一段时间里，"个人或企业污染、群众受害、政府买单"的困局一直存在。随着揭西县人民检察院介入，以公益诉讼起诉人身份提起的揭西县首例刑事附带民事公益诉讼案使得揭西县生态环境公益诉讼案实现"0"的突破。这一困局终得破解，不仅让污染环境者付出了沉重的代价，增大了污染者的违法成本，更有力地震慑了潜在的污染者，让政府买单修复时代成为历史。

（2）异地交叉办案，破解"保护伞"、人员不足、业务不精等难题

该案不仅是环境损害类事件，同时是涉黑事件，事件发生在惠来县，由揭西县人民检察院办理，实现异地交叉办案，有效地破除"熟人效应"，解决"不敢"的难题，有效避免行政权对检察权的干预，打破基层组织各自为阵、单打独斗的困境，真正做到有责必追，提高了办案质效。

5.3.2　非法采砂案

5.3.2.1　案情简介

该非法采矿案发生于广东省韶关市浈江区某河段。2015 年 6 月 8 日，A 公司承担了韶关市浈江区该河段疏浚工程；相关文件规定，疏浚工程清淤出的许可采砂部分的砂卵石等物料由 A 公司自行处理。可采范围共分 5 个可采区，河段长约 7.06 km，河宽约 80 m，许可采砂数量为 201 589 m^3，采砂期限为 2016 年 3 月 1 日至 2016 年 9 月 1 日。

但该公司于 2016 年 1 月就提前开始开采活动，并借助其出资承担的疏浚工程实施非法采矿行为，至 2018 年 11 月被公安机关查处。并且该公司为了掩盖其在不属于合法标段的仁化县罗岗村至湾头电站河段的非法采砂行为，在标定清淤段

用砂石修筑拦河坝、将水位上抬 2 m，导致原有河床被堆成道路。该河段不但没有得到疏浚清淤，反而严重危害行洪安全。

5.3.2.2 生态环境损害鉴定评估过程及结果

评估过程中主要对涉事区域河道生态环境、河岸生态环境及水生态环境展开详细调查。

（1）针对涉事区域河道生态环境、河岸生态环境的调查

经调查，发现非法采矿已造成非采区内河岸生态环境被破坏且破坏较为严重，破坏规模较大区域共有 5 处，非法采矿已造成大面积林地被损毁，河心滩面积明显缩小甚至消失，两侧河道明显变宽，河岸出现大面积垮塌，水土流失严重。此外，非法采矿过程中产生的废石废料随意丢弃，待运砂石长期无序堆放于河中，部分河道因砂石废弃堆放发生淤堵，形成新的心滩，局部甚至在河道内形成小路，严重阻碍水流正常流动，河道出现"孤岛"，对行航安全造成严重危害。评估区历史影像、用地类型及现场照片如图 5-5 所示。

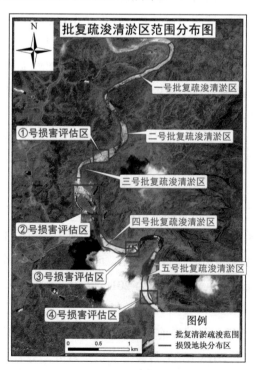

批复清淤疏浚区块及生态环境损害区分布图

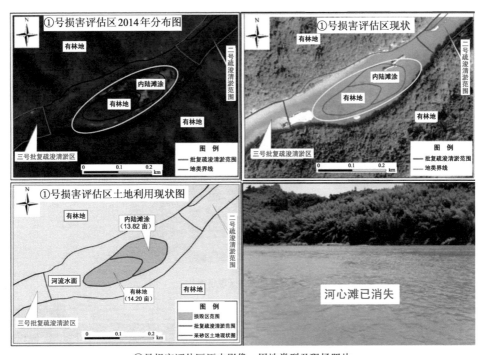

①号损害评估区历史影像、用地类型及现场照片

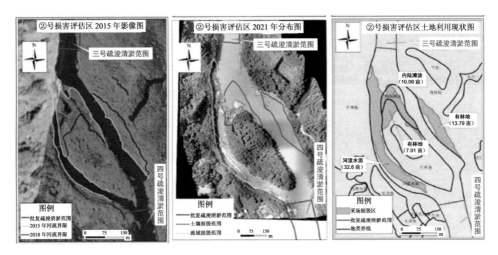

②号损害评估区历史影像、用地类型

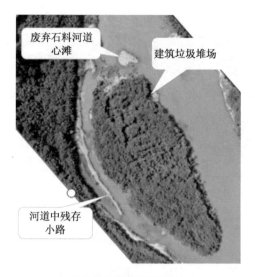

②号损害评估区现场照片

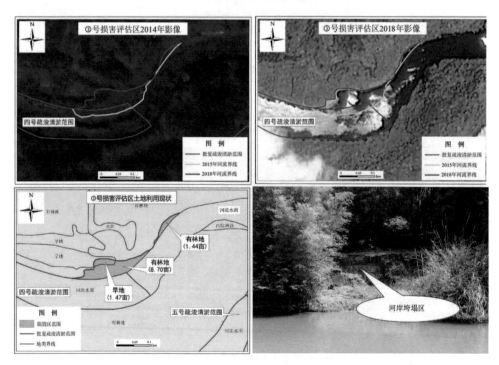

③号损害评估区历史影像、用地类型及现场照片

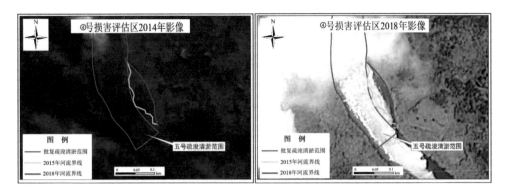

④号损害评估区历史影像

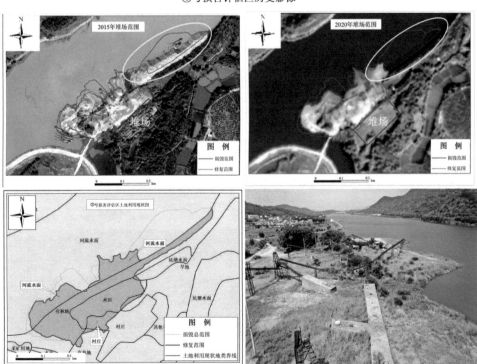

⑤号损害评估区历史影像、用地类型及现场照片

图 5-5 评估区历史影像、用地类型及现场照片

（2）针对涉事区域水生态环境的调查

2021 年 7 月，工作组对该河段非法采砂区域进行了大型底栖生物调查，在非法采砂区下游选取非采区某点位作为背景点（参照点），在非法采砂①号损害评估区、②号损害评估区、③号损害评估区、④号损害评估区和⑤号损害评估区设置一区、二区、三区、四区和五区采样点，共采集 6 个样品。

调查分析鉴定结果显示，大型底栖动物共 3 类 27 种（属），其中软体动物 13 种（属），环节动物 2 种（属），节肢动物 12 种（属）。在非法采砂涉及河段已很难采集到底栖生物，种类也极少。可采集的样品中均为常见、易生存的底栖生物，如河蚬、福寿螺等。部分底栖动物照片如图 5-6 所示。

河蚬

福寿螺

中国圆田螺

水丝蚓

摇蚊幼虫

四节蜉稚虫

图 5-6　部分底栖动物照片

（3）生态环境损害鉴定评估

立足详尽的现场勘查与水生态环境监测，结合相关事件资料，利用未受损害前的卫星影像图确定基线，分析非法采砂已导致非法开采河段河心滩消失、河道淤堵、河岸坍塌、林地损毁，其对河道生态环境、河岸生态环境的损害事实确定。底栖生物由于缺少历史数据，基线确定较困难，但工作组通过对照区样品数据及大量科学研究、文献调研结果，确定非法采砂行为已造成非采区底栖动物生物量显著降低，与基线对比存在显著差异，从而确定非法采砂对水生态环境的损害事实。根据《环境损害鉴定评估推荐方法（第Ⅱ版）》，采用基于恢复目标的生态环境损害评估。

该事件所导致的生态环境损害量化计算根据"恢复原状、价值替代"的原则开展，对非法采砂行为造成的河道生态环境、河岸生态环境修复费用，生态系统恢复费用，森林生态系统服务功能期间损失及生物被破坏价值进行了量化。经鉴定，该案导致的生态环境损害费用共计 33 388.47 万元，其中生态环境修复费用为 1 493.77 万元，生态系统恢复费用为 30 713 万元，森林生态系统服务功能期间损失为 1 043.28 万元，生物被破坏价值为 138.42 万元。

5.3.2.3　典型意义

（1）创新评估方法，坚决践行习近平生态文明思想

习近平总书记提出"重在保护，要在治理"的战略要求。水利部原部长鄂竟平指出，健康水生态，就是要把河流生态系统作为一个有机整体，坚持山水林田

湖草综合治理、系统治理、源头治理。该案在评估过程中不再将河砂简单认定为矿产资源，更创新性地将河流生态系统作为一个有机整体，将河砂看作生态环境的"骨骼"，具有特殊的生态学意义，对河流生态系统起着支撑作用，这对生态环境的意义是宝贵的。因此，该案采用"价值替代"的方法，将河砂作为河道生态系统的有机整体进行评估，获检察院与法院高度认可，并成为检察院资源类公益诉讼公认的起诉诉求。

（2）创新评估机制，多领域协作研究

该案中对生态环境造成的损害涉陆地生态、水生态、地质环境等多领域。在评估过程中创新性地成立多领域联合工作组，联合陆地生态、水生态、地质环境领域专家协同调查，形成专业、高效的评估工作组，对事件产生的生态、地质、环境影响进行详细分析，实现横纵联合，对确定损害程度及范围、恢复方案具有重要意义，在保证事件高效推进的同时也确保了评估的准确性与公正性，对提高环境类公益诉讼的公信力具有积极推动作用。

5.3.3　非法占用、挖损农用地案

5.3.3.1　案情简介

该非法占用、挖损农用地案发生于广东省江门市新会区某镇，涉及土地共13宗。未被非法破坏前，地块的生态系统均为以农用地为主体的半人工半自然生态系统。2017—2020年，被告陆续对该镇13个地块实施占用、挖损等违法行为，涉及面积 383.3 亩（255 532.19 m^2），土地利用类型包括水田、旱地、果园、有林地、其他园地、坑塘水面、沟渠、田坎、农村道路等。

被告非法占用、挖损农用地过程中直接破坏了农用地表面的耕作层，导致耕作层变浅甚至消失，土壤有机质含量降低，土壤结构被破坏，甚至土壤板结，破坏了农用地生态系统。此外，将农用地变为养殖塘，其底泥极易受到污染。

5.3.3.2　生态环境损害鉴定评估过程及结果

评估过程中主要对涉及地块现场进行了详细调研，对地块生态系统受损情况、土壤环境影响及土壤肥力影响程度进行了详细分析。

（1）针对受损地块现场生态环境的调查

经调查，发现非法占用、挖损农用地已造成地块生态环境被破坏且破坏较为

严重。被告对地块进行填土平整、挖损，并将破坏后的土地用作宅基地、养殖塘、人工湖等，使土地原有耕作层被压占甚至完全损毁，农用地生态系统被严重损毁，耕地丧失原有用途。评估区卫星影像图及现场照片如图 5-7 所示。

"新围"地块历史卫星影像图、现场航拍图及照片

龙泉牌楼侧田地块历史卫星影像图、现场航拍图及照片

井角围地块历史卫星影像图、现场航拍图

獭头围地块历史卫星影像图、现场航拍图及照片

李江咀地块历史卫星影像图、现场航拍图及照片

柠檬洲地块历史卫星影像图、现场航拍图及照片

夹万围地块历史卫星影像图、现场航拍图及照片

井角由下、万胜老围浪、雨亭围地块历史卫星影像图、现场航拍图及照片

老谭围地块历史卫星影像图、现场航拍图及照片

鼠山地块历史卫星影像图、现场航拍图及照片

蛇南围地块历史卫星影像图、现场航拍图及照片

图 5-7　评估区卫星影像及现场照片

（2）针对农用地土壤受损的分析鉴定

为了解土壤受损情况，对地块生态系统受损情况、土壤环境影响及土壤肥力影响程度进行了调查，结果显示，被破坏的 13 宗地块原有半人工半自然生态系统部分被扰动，原有系统景观被改变，地块原有生态系统内水分、养分与能量的正常循环功能受到影响；农用地原有土壤环境和生态功能受到严重破坏；原有的灌溉和自然排水条件受到扰动，农业耕作条件和种植生产能力、耕地种植条件受到干扰。

此外，选取破坏区域与对照区域农田土样，对有机质、全氮、全磷、全钾、水解氮、有效磷、速效钾、pH 值、颗粒组成等进行了分析，综合定量评价土壤肥力。结果显示，地块综合肥力指数明显下降，土壤趋向贫瘠，甚至完全损毁。

（3）生态环境损害鉴定评估

通过现场调查及资料分析，利用非法破坏前的生态环境与土壤综合肥力情况确定评估基线，分析破坏后的现场生态环境变化与综合肥力变化情况，对比与基线间存在的差异，从而确定损害事实。根据分析，该案非法占用、挖损的农用地耕作层及植被被严重破坏。根据《环境损害鉴定评估推荐方法（第Ⅱ版）》，采用基于恢复目标的生态环境损害评估。

该案所涉地块的土壤用地类型不同，则修复方法也不同。评估过程中针对不同类型的土地制定相应恢复方案，准确、科学地对受破坏地块恢复至基线水平所需的生态环境修复费用（基本恢复）及生态系统服务功能期间损失（补偿性恢复）进行了量化。经鉴定，该案导致的生态环境损害费用共计 934.79 万元。

5.3.3.3 典型意义

（1）聚焦农村耕地资源保护，扎紧耕地保护"篱笆"

该案聚焦农村耕地资源保护，助力最高人民检察院与自然资源部土地执法领域协作配合试点工作的开展，涉农公益诉讼中深入落实恢复性司法理念，扎紧耕地保护"篱笆"，守住粮食安全生命线。案件立案执行、追缴赔偿金后，新会区人民检察院与新会区财政局积极沟通对接款项入账情况，商定土地回收、复垦等有关工作的方式方法、措施步骤。打通耕地恢复的"最后一米"，为新会区保护耕地红线不退缩提供积极支撑与有力保障。

（2）多方协调，灵活诉讼请求

在该案侦办过程中，为保障后期案件执行效力，新会区人民检察院提前谋划部署，商请公安机关在刑事侦查阶段对赔偿义务人的财产开展调查及保全，有效防止了行为人转移财产、造成事件执行不到位等情况。且由于该案中大部门农用地已被挖损、用作养殖塘，并已承包出去，在承包合同未依法解除之前，无法立即对土地进行修复。鉴于此，该案在提请诉讼请求时灵活应对，以赔偿作为替代的方式进行起诉，灵活落实"谁污染、谁修复"原则。

参考文献

[1] 宋建. 农田生态环境损害价值核算[D]. 哈尔滨：东北农业大学，2020.

[2] 刘鸣达，黄晓姗，张玉龙，等. 农田生态系统服务功能研究进展[J]. 生态环境学报，2008，17（2）：834-838.

[3] 谢高地，鲁春霞，冷允法，等. 青藏高原生态资产的价值评估[J]. 自然资源学报，2003，18（2）：189-196.

[4] 吴方卫，陈凯，赖涪林，等. 都市农业经济分析[M]. 上海：上海财经大学出版社，2007：
      230.

[5] 周择福，李昌哲. 北京九龙山不同立地土壤蓄水量及水分有效性的研究[J]. 林业科学研究，
      1995（2）：182-187.

[6] 叶延琼，章家恩，秦钟，等. 佛山市农田生态系统的生态损益[J]. 生态学报，2012，32（14）：
      4593-4604.

第6章

固体废物（危险废物）生态环境损害鉴定评估

6.1 定义及基础理论

6.1.1 定义

固体废物（危险废物）类事件主要是非法处置固体废物（危险废物），如非法填埋、倾倒生活与生产中产生的已经失去原有利用价值，或是没有失去利用价值却被丢弃的固体与半固体物质至土壤、水、大气环境，造成受纳环境发生不利改变以及上述要素构成的生态系统功能退化的事件。

6.1.2 事件特点及工作要点

6.1.2.1 事件特点

固体废物（危险废物）类事件一般具有两个显著特点。

（1）形式多样，成分极为复杂，确定污染物性质较难

工业固体废物通常种类多、数量大，难以对其进行针对性处理。且随着工业化进程加快，固体废物数量呈逐年递增的趋势。但当前国内工业固体废物综合利用率不高，每年储存的固体废物产量高达 5 亿 t，而每年丢弃、填埋、倾倒的工业

固体废物量超过 60 万 t。固体废物来源广泛、种类庞杂，如包括工业固体废物、危险废物、医疗废物、城市生活垃圾等。固体废物既是污染"源头"，也是"终态物"，成分复杂，普遍不具有流动性。在对固体废物进行采样检测时，采样位置固体废物性质对检测结果的确定有较大影响，如何快速、准确地确定非法处置固体废物性质是一大难点。

（2）二次污染严重，案情复杂

固体废物对环境的危害需通过水、气或土壤等环境介质进行；根据固体废物的不同特性，还可能存在不同介质交叉污染、二次污染等情况，直接和间接影响显著。如固体废物堆填过程中产生的渗滤液及有害气体会对周边土壤、水、大气环境造成危害。此外，环境中的有害废物还能直接由呼吸道或皮肤造成人体害病，威胁人类健康安全，因此，相关案情通常较为复杂，需对现场进行详细调查。

6.1.2.2　工作要点

固体废物（危险废物）中含有的有毒有害物质（如重金属等）会在堆存、填埋过程中浸出，造成土地污染，影响微生物生长，进而造成土地生态系统失衡。部分固体废物中的有机物在高温、降雨等不利因素诱导下可能产生有害气体，这类气体通常具有致癌、致畸等作用，随着空气的流动向不同地区扩散，造成大范围空气污染。由于固体废物（危险废物）类事件二次污染严重，且只要污染物存在于现场，二次污染将不间断产生，因此在损害评估过程中应尽快采样检测、固定证据，并尽可能快地对现场固体废物（危险废物）进行应急处置，避免其不断加重对区域及周边环境的污染是评估工作的重点。

此外，固体废物（危险废物）往往成分复杂。当事件中涉及的非法填埋、处置固体废物种类较多时，需注意在污染物性质鉴定采样时要尽可能兼顾特殊性、普遍性的原则。此外，当部分区域的物质检测结果为危险废物时，不可粗犷地以个别结果代替全区总体结果、将所有固体废物算作危险废物，应小心验证、分区处置。

6.2　评估指标及评估方法

6.2.1　评估指标

固体废物按来源可分为工业固体废物、矿业固体废物、城市垃圾、农业固体废物、危险废物和放射性固体废物等，具体如表 6-1 所示。

表 6-1　常见固体废物来源及分类

序号	分类	来源	种类
1	工业固体废物	工业、交通等生产活动中产生的废渣，化工生产及冶炼废渣等固体废物	高炉渣、钢渣、赤泥、粉煤灰、废石膏、脱硫灰及工业建筑垃圾等
2	矿业固体废物	开采和洗选矿石过程中产生的废石和尾矿	废石、尾矿及尾矿砂等
3	城市垃圾	居民生活、商业活动、市政维护、机关办公等产生的生活废弃物	废纸、厨余垃圾、废塑料、罐头等生活垃圾
4	农业固体废物	农、林、牧、渔各业生产、科研及日常生产过程中产生的废弃物	农作物的秸秆、藤蔓、皮壳、废农膜等
5	危险废物	化学工业、炼油工业、金属工业、采矿工业、机械工业、医药行业以及日常生活过程中产生的废弃物	废酸、废矿物油、铝灰、医疗废物、焚烧残渣、电镀污泥等
6	放射性固体废物	放射性矿物的加工，核电站、工业、医学、科学研究等方面和核武器的试验	核电站润滑油、废溶剂、燃油、大零部件等

固体废物（危险废物）污染不易流动，扩散性相对较慢，但其危害持久性较强。固体废物（危险废物）非法堆存、倾倒会占用大面积土地资源，长时间的堆放会使其中的有毒有害物质渗透到土壤中，造成土壤盐碱化、毒化，土壤微生物系统受破坏，不仅影响植物的生长，而且其中的重金属等有害物质可能通过食物链的延伸，危害人体健康。此外，因固体废物污染物较难分解，可能会影响几代人的生活环境。

固体废物（危险废物）非法倾倒入湖泊、河流、农田等时，会造成大面积的河流淤塞、农田污染，一些有毒有害物质进入水体后还会使鱼类等水生生物大量死亡，严重破坏水生态系统。雨水流经堆放的固体废物后，会带出固体废物中的部分有毒有害物质，造成水体酸化、碱化、富营养化甚至毒化的问题，进而造成水生态系统的严重破坏，还会威胁到人类的饮水安全。固体废物（危险废物）中的细小颗粒在风力作用下飘散到空气中，导致空气中粉尘污染加重；固体废物中的有毒有害物质挥发后进入大气，导致空气质量降低。

基于固体废物（危险废物）类事件的特点及污染特性，该类型事件评估指标主要包括：

①合理处置固体废物（危险废物）的费用评估；

②受污染土壤、水、大气等环境修复至基线所需费用评估；

③生态服务功能期间损害价值评估。

6.2.2 固体废物（危险废物）类评估计算方法

固体废物（危险废物）类事件发生后，应尽快开展现场污染物清理处置工作及受污染生态环境修复工作。作为基本原则，应做到"谁污染、谁修复"，并应做到"恢复原状"。此类事件最常用的计算方法为修复费用法与虚拟治理成本法。一般而言，虚拟治理成本法主要针对将固体废物（危险废物）排入水环境的情况，计算方法与地表水类事件类似，本书不再赘述，主要针对修复费用法进行介绍。

（1）合理处置固体废物（危险废物）的费用评估

评估合理处置固体废物（危险废物）费用时，应首先确定需处置的固体废物（危险废物）量，可利用钻探、物探、称量等手段，再根据其特性，选择适合的处置方法，核算其处置单价，再通过计算，评估量化其处置费用。一般固体废物处置价格已在第4章进行阐述，本处主要介绍危险废物处置价格。参照广东省发展和改革委员会出具的《关于广东省危险废物综合处理示范中心危险废物处置价格的复函》（粤发改价格函〔2016〕814号）附表，危险废物处置单价如表6-2所示。

表 6-2　广东省危险废物综合处理示范中心危险废物处置价格

序号	危险废物处理、处置方式	废物种类	废物参数	最高处置价格
1		HW49 其他废物（900-047-49 化学和生物实验室产生的废物，900-999-49 危险化学品）等		6 800 元/t
2		HW02 医药废物，HW03 废药品，药品等		2 500 元/t
3		HW04 农药废物，HW37 有机磷化合物废物，HW43 含多氯苯并呋喃类废物，HW44 含多氯苯并二噁英废物，HW14 新化学药品废物等		58 400 元/t
4	高温焚烧处理	HW05 木材防腐剂废物，HW06 有机溶剂废物，HW07 热处理含氰废物，HW08 废矿物油，HW09 油/水、烃/水混合物或乳化液，HW11 精（蒸）馏残渣，HW12 染料、涂料废物，HW13 有机树脂类，HW16 感光材料废物，HW17 表面处理废物，HW18 焚烧处置残渣，HW19 含金属羰基化合物废物，HW20 含铍废物，HW21 含铬废物，HW33 无机氰化物废物，HW38 有机氰化物废物，HW39 含酚废物，HW40 含醚废物，HW41 废卤化有机溶剂，HW42 废有机溶剂，HW45 含有机卤化物废物，HW48 有色金属冶炼废物，HW49 其他废物等	≤4 500 kcal/kg	2 500 元/t
5			>4 500 kcal/kg	2 300 元/t
6	物化废水处理	HW08 废矿物油，HW09 油/水、烃/水混合物或乳化液，HW12 染料、涂料废物，HW21 含铬废物，HW22 含铜废物，HW23 含锌废物，HW31 含铅废物，HW32 无机氟化物废物，HW33 无机氰化物废物，HW34 废酸，HW35 废碱，HW41 废卤化有机溶剂，HW42 废有机溶剂，HW45 含有机卤化物废物，HW49 其他废物等	COD≤3×10⁴ mg/L	1 100 元/t
7			3×10⁴ mg/L<COD ≤10⁵ mg/L	1 300 元/t
8			10⁵ mg/L<COD ≤2×10⁵ mg/L	1 600 元/t
9			COD>2×10⁵ mg/L	2 000 元/t
10			需进行预处理和后处理的废物	4 500 元/t

序号	危险废物处理、处置方式	废物种类	废物参数	最高处置价格
11	安全填埋处置	HW17 表面处理废物，HW18 焚烧处置残渣，HW20 含铍废物，HW21 含铬废物，HW22 含铜废物，HW23 含锌废物，HW24 含砷废物，HW25 含硒废物，HW26 含镉废物，HW27 含锑废物，HW28 含碲废物，HW30 含铊废物，	直接填埋	1 100 元/t
12	安全填埋处置	HW31 含铅废物，HW32 无机氟化物废物，HW33 无机氰化物废物，HW36 石棉废物，HW46 含镍废物，HW47 含钡废物，HW48 有色金属冶炼废物，HW49 其他废物等	稳固化填埋	1 400 元/t
13		HW32 无机氟化物废物，HW33 无机氰化物废物，HW36 石棉废物，HW46 含镍废物，HW47 含钡废物，HW48 有色金属冶炼废物，HW49 其他废物等	采用特殊工艺固化后填埋	3 900 元/t
14	剧毒性废物处置	《剧毒化学品目录》（最新版）中的有关废物等	≥10 kg	310 元/kg

（2）受污染环境修复至基线所需费用评估

固体废物（危险废物）类事件的污染需通过大气、水、土壤等环境介质传播，一般遭受污染的环境介质为土壤、地下水、地表水。各类环境介质的污染修复方法已在第 2 章详细介绍，本章不再赘述。

（3）生态服务功能期间损害价值评估

不同土地类型有不同的生态服务功能，因此所采用的生态服务功能期间损害价值评估方法也会有所不同。森林生态系统服务功能包括保育土壤、森林游憩、涵养水源、固碳释氧、生物多样性保护、净化大气、积累营养物质、物质资源服务等。草地生态系统服务功能包括有机物质生产、营养物质保持、土壤保持、固碳释氧及水源涵养等。农田生态系统服务功能包括气候调节、净化大气、水资源调节、水土调节、生物多样性维持等。地下水生态服务功能包括供给服务、涵养水源、气候调节、水质净化、沉积有机物、消灭病菌、科研文化等。评估时，应根据土地类型，选择适当的评估手段进行评估，此部分计算方法已在第 5 章进行详细论述。

6.3 典型案例

6.3.1 非法处置废机油案

6.3.1.1 案情简介

2018 年 10 月 22 日下午，工作人员对位于广东省揭阳市榕城区的某废机械拆解场进行检查。经查，该拆解场从事废旧机械买卖、拆解处置，未办理工商营业执照及环保相关手续，未取得危险废物经营许可。在拆解旧机械过程中，将旧机械中残存的废润滑油收集于油桶中，存放于场内不同的场地。场地地面为泥土地，未采取硬底化措施，同时也没有采取防渗、防漏、防雨等措施，现场地面布满油渍、油污，气味刺鼻。非法经营拆解场已对现场土壤环境造成明显损害。

6.3.1.2 生态环境损害鉴定评估过程及结果

（1）生态环境损害鉴定评估过程

为了解现场非法处置废机油性质、处置量及对周边环境的污染状况，对案卷资料进行详细调研、收集、分析，确定非法处置固体废物属于危险废物，废物类别为 HW08，废物代码为 900-214-08。并将废矿物油桶装车过磅，确定非法处置量为 7.31 t。为了解现场土壤污染情况，安排专业采样检测人员对现场土壤环境进行了监测。现场照片如图 6-1 所示。

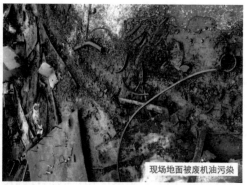

图 6-1　拆解场现场图片

在现场共设置 5 个土壤采样点，在每个采样点 0~20 cm、20~60 cm、60~100 cm 各采集 1 个土壤样品，共采集 15 个土壤样品。对重金属、挥发性有机物、半挥发性有机物及石油烃等 40 个污染指标进行检测，结果显示：15 个样品中均检出了二氯甲烷，5 个样品中检出了氯仿，且废机油的特征污染物石油烃类在 5 个采样点的 15 个土壤样品中均有检出，石油烃含量范围为 29~10 000 mg/kg，已超过《土壤环境质量　建设用地土壤污染风险管控标准（试行）》（GB 36600—2018）第二类用地石油烃管制值 0.11 倍（管制值为 9 000 mg/kg）。土壤中污染物含量高于风险管制值，对人体健康通常存在不可接受风险，应采取风险管控或修复措施。综合分析足以表明该拆解场土壤已经受到废旧机油的渗入污染。

（2）鉴定评估结果

该地块未建设任何污染治理设施，现场非法经营废机油拆解导致现场土壤被污染，生态环境损害价值量化的主要内容包括：①场内沾染废机油的旧机械的清运处置；②废机油及盛油铁桶（均为危险废物）的妥善处置；③场内被污染土壤的修复，恢复其原有功能。由于该污染地块包括采矿用地、公路用地、河流水面及其他草地，目前仍未有系统评估其他草地生态服务功能期间损失的方法，因此评估过程中暂未对其进行评估，但若后续方法完善，可再补充此部分内容。

经鉴定，场内废旧机械清运处置费为 12 万元，废机油及铁桶处置费用为 10.17 万元，场内受污染土壤修复费用为 40 万元，损害评估费为 24 万元，该案造成的生态环境损失共计 86.17 万元。

6.3.1.3　典型意义

（1）雷霆手段斩断伸向环境的"黑手"

该案为非法处置危险废物案，危害极大。在办理过程中做到了"四个第一时间"，以雷霆手段斩断伸向环境的"黑手"。一是第一时间固定证据。发现经营活动，立即现场勘查，封锁现场。二是第一时间部门联动。开展现场勘查时与生态环境部门、公安机关联动，共同勘查，确定现场废油桶及废油量。三是第一时间实施扣押。因危险废物危害较大，执法人员当机立断对危险废物实施现场扣押，避免危险废物再次转移、造成更严重后果。四是第一时间移送事件。事件办理完成后，立刻将案卷移送法院，有效维护了社会公共利益。

（2）法治与人心同频共振，一案胜过一打文件

加强危险废物管理既是深入打好污染防治攻坚战的重要方面，也是推进市域社会治理的重要内容。该案为揭阳市榕城区办理的第一起危险废物事件，最终赔偿义务人面临刑事处罚与民事赔偿，且二审维持原判，向社会昭示法治在环境保护中的重要性。揭阳市中级人民法院在 2022 年 6 月 5 日"世界环境日"发布该案例，引导公众关注环境资源问题，运用法治思维和法治方式解决环境纠纷，并向公众敲响了环境保护的警钟，警示教育众人要树立起主人翁的责任意识，走可持续发展之路，真正形成广大人民群众内化于心、外化于形的自觉行动，达到一案

胜过一打文件的效果。

6.3.2 非法处置铝灰案

6.3.2.1 案情简介

2019 年 12 月 21 日，广东省云浮市相关部门赴云城区某厂房进行检查。在现场发现有 2 个钢结构厂房以及 1 个未采取防渗、防漏、防风、防雨措施的露天厂房，厂房内有大量废布碎、灰状固体废物及其他不明来源的固体废物。经查，该固体废物由云浮市某公司于 2019 年 12 月开始堆放。该公司在未取得任何环保手续、无危险废物经营许可证的情况下，擅自处置灰状固体废物（疑似铝灰）。此外，在高峰街道彩营村及河口街道红阳村也倾倒堆放了大量的废布碎、废玻璃纤维、废海绵、废保温棉等固体废物。现场未规范化设置防雨、防风及防渗措施，非法处置的固体废物可能对环境造成损害。

6.3.2.2 生态环境损害鉴定评估过程及结果

（1）生态环境损害鉴定评估过程

为了解现场非法处置固体废物（疑似铝灰）的危险特性、处置量及对周边环境的污染状况，对非法填埋现场进行了详细踏勘、调查，并对事件相关资料进行收集分析。非法处置固体废物现场卫星影像图及照片如图 6-2 所示。

评估过程中，现场充斥着刺激性氨味，结合资料调研与现场灰状固体废物性状，判断其为二次铝灰的可能性较大。但当时铝灰还未被列入《国家危险废物名录》，为了解其危险特性，对现场灰状固体废物（疑似铝灰）进行了采样和危险特性鉴别。现场共采集 55 个铝灰样品，其中 13 个样品的反应性满足《危险废物鉴别标准　反应性鉴别》（GB 5085.5—2007）中第 4.2.1 条判定条款的要求，属具反应性危险特性固体废物。且具有反应性危险特性的样品数大于危废判定标准（11 个），因此可判定云城区被非法处置的灰状物质为具有反应性危险特性的危险废物。

由于固体废物具有较强的二次污染性且不易分解，存在于环境中时会不断向外释放污染物，因此在评估过程中，当证据固定后，评估组积极建议相关部门对现场固体废物开展应急处置工作，将现场固体废物运输至合适的环境中堆存或处置，避免在评估时间段内，现场固体废物不断加重对环境的污染。

云城区某厂房处置点卫星影像图

图6-2 现场卫星影像图及照片

（2）鉴定评估结果

该案中非法处置的固体废物主要为铝灰及废塑料、保温棉等一般固体废物。由于现场为硬底化地面，因此无需对现场土壤环境进行修复，但危险废物的处置须由具备对应资质的公司、单位等开展，其他无资质的单位及个人均无权对其进行任何形式的长期存储或处置。因此，需及时对现场固体废物进行合理处置，生态环境损害价值量化的主要内容包括：①合理处置现场一般工业固体废物所需费用计算；②合理处置现场铝灰所需费用计算。经鉴定，合理处置现场一般工业固体废物费用为 41.53 万元，合理处置现场铝灰费用为 549.96 万元，危险废物鉴别费用为 65 万元，损害评估费用为 20 万元，该案造成的生态环境损失共计 676.49 万元。

6.3.2.3 典型意义

（1）部门联动，事件办理"一盘棋"

事件发生后，云浮市生态环境局云城分局与公安部门迅速固定证据，追查源头、运输等各环节，依法追究有关人员责任；与属地街道等部门建立预防机制，在涉案地点全天候值班值守，并加强对辖区内闲置厂房、仓库、堆场、空地、山地等场所的巡查；迅速委托第三方机构开展生态环境损害评估；积极与检察院有机配合，强化两法衔接工作机制，多次召开联席会议。事件侦查过程中各环节运行顺畅，各职能部门有机配合，坚持事件办理"一盘棋"，共同打击违法行为，推进该案顺利审判。

（2）打击危险废物跨境转移"一体化"

该案中涉及的铝灰是从外地收集至云浮市云城区进行非法处置的。在线索、证据收集过程中，云浮市公安局云安分局非常注重危废的溯源工作，第一时间部署摸排，通报事件信息和协查需求，与危险废物来源地执法力量联勤联动、共商对策，高效协作、凝聚合力，用最短时间锁定涉案危险废物源头，最终在实际处置过程中将铝灰退回涉案地处置，真正做到打击危险废物非法跨境转移和倾倒"一体化"。

第 7 章

大气污染生态环境损害鉴定评估

7.1 定义及基础理论

7.1.1 定义

大气污染类事件主要是指排污企业或个人非法排放未经处理或处理不达标的污染物至大气环境中，导致生态环境受到污染，生态服务功能降低，面临因损害生态环境公共利益而产生的生态环境损害赔偿责任的公益诉讼类事件。

7.1.2 事件特点及工作要点

7.1.2.1 事件特点

大气污染主要由人类生产、生活活动造成，污染物来源包括工厂排放、汽车尾气、农垦烧荒、非法焚烧固体废物（危险废物）、炊烟（包括路边烧烤）、尘土（包括建筑工地）等。污染物进入大气环境可能导致空气质量下降，生态服务功能降低，同时还可以通过大气沉降、降雨等因素，造成区域水环境、土壤环境受污染，此外通过呼吸、皮肤接触对生物资源产生不良影响。具体如图 7-1 所示。

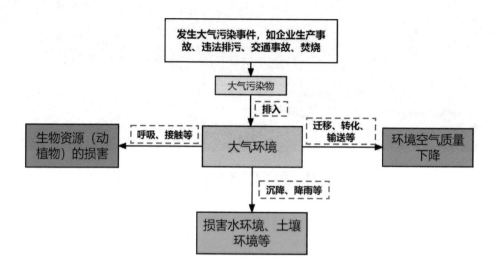

图 7-1　大气污染环境损害过程示意

　　大气是指围绕地球的厚层气体，其范围广、连续性极高、流动性好。气层几乎时时处处存在着各种尺度的湍流运动，近地面气流直接受下垫面的影响，湍流运动尤为剧烈，因此气体各部分之间的混合强烈。此时，只要在流场中存在或出现某种污染物，污染物很快就会稀释扩散。但相反，若是受复杂地形、气象（如海陆风、城市热岛效应、丘陵背风涡流、逆温层）影响，污染物的稀释扩散减慢，污染物往往可积聚到很高浓度，进而造成严重的大气污染事件。并且一些特殊气象条件（如雪、雨）下，通常引起的污染具有双重作用：一方面，稀释、沉降对大气起到净化作用；另一方面，因污染物随雨雪降落，大气污染会转变为水体污染和土壤污染。综上，大气污染类事件具有以下两个显著特点。

　　（1）对环境损害程度受地形、气象等条件的影响巨大

　　烟气运行时，遇到高的丘陵和山地，在迎风面会发生下沉作用，引起附近地区的污染。但若烟气越过丘陵，在背风面出现涡流，污染物将产生聚集，形成严重污染。在山间谷地和盆地，烟气不易扩散，常在谷地和坡地上回旋。特别是在背风坡，气流做螺旋运动，污染物最易聚集，浓度就更高。夜间，在逆温层的笼罩下，烟云弥漫，经久不散，容易造成严重污染。此外，对位于沿海和沿湖的城市而言，白天烟气随着海风和湖风运行，陆地上易形成"污染带"。这些特殊的

气象、地形条件可能造成在较短时间内大气中污染物浓度显著增高，使人或动植物受到伤害。

反之，若大气对流活动较强，湍流运动剧烈，污染物扩散、稀释会变得迅速，对区域空气质量影响较小。因此，大气污染损害程度受地形、气候及生物能量交换的多重影响。

（2）基线、因果关系确定难

大气基线代表没有异常情况发生时的自然环境及其能提供服务的基本状态。我国的生态环境损害鉴定工作中，基线的确认条件和范围为未发生环境污染和生态环境破坏的情况下。但由于大气污染物的流动性，受地形、气象等条件影响较大，区域关联性、复杂性和污染物来源广泛性、复杂性对基线的确定及因果关系的确定带来较大困难。

7.1.2.2　工作要点

鉴于大气污染类事件损害结果受自然条件影响大，基线、因果关系确定难的特点，实际评估过程中遇到的大气污染类事件呈现两种状态，一种是损害事实不明显（绝大部分），另一种是已造成区域生态环境质量下降，动植物资源遭受影响。

对于损害事实不明显的事件，在工作中应首先确定排污事实，尤其是在线监控数据、行政处罚报告、常规监测报告、生产工艺、产污环节、污染物处理工艺等资料的收集成为事件评估的重中之重。通过在线监控数据、行政处罚报告确定其非法排污行为的存在，再通过在线监控数据、生产工艺、污染物处置环节确定非法排污量，这对核算损害价值具有重要意义，也是损害评估工作的核心。

对于已造成区域空气质量下降、动植物资源损害的事件，应首先确定基线。一般包括历史数据法、区域对照数据法及标准法，在评估工作中对数据的收集范围要广，收集要细致，并且需对数据进行详尽的筛选分析，判断其利用价值，最终综合确定基线。此外，对现场的调查、监测分析要科学严谨，最终确定损害事实，为损害的定量评估提供先置条件，也是此类事件评估的重点。

7.2 评估指标及评估方法

7.2.1 评估指标

大气污染类事件主要的污染源包括工业废气污染、焚烧烟气、突发性环境污染事件。①工业废气污染。工业废气同时也是大气污染的最重要来源之一。工业排放到大气中的污染物种类繁多，有烟尘、硫氧化物、氮氧化物、卤化物、碳化合物等。②焚烧烟气。主要包括焚烧生活垃圾、废旧塑料、工业废物（危险废物）产生的有害烟气。③突发性环境污染事件。如工厂有毒有害气体泄漏、交通事故导致的废气排放等。

基于大气的连通性、大气过程的多样复杂、大气的区域性复合污染等特征，大气污染物进入环境将会对生存在其中的生物造成危害。动物可能因吸入污染空气或摄入含污染物的食物而发病甚至死亡。大气中的污染物可使植物抗病力下降、生长发育受影响、叶面产生伤斑甚至枯萎死亡，对自然生态环境造成不良影响。

此外，一些特定的污染物（如氟化物）会破坏高空臭氧层，形成臭氧空洞，对人类和生物生存的整个生态环境造成危害；二氧化硫等会导致酸雨，对农业、林业、淡水养殖业等产生不利影响；二氧化碳等温室气体的增多会导致地球大气增暖，导致全球天气灾害增多。大气污染所带来的生态环境服务功能降低可能是在全区域甚至全球的影响。大气污染类事件评估指标主要包括：

①受污染大气修复至基线的费用评估；

②生物损害价值评估。

7.2.2 大气污染类评估计算方法

一般而言，由于大气的连续性、湍流的普遍存在性，事件发生时未及时对空气质量进行针对性监测，污染物进入大气环境后可能被较快地稀释、降解，或随大气运动发生迁移，与其余大气污染物形成复合污染；或遇特定地形、气候条件，形成区域复合性污染。因此，若非法排污期间未能及时发现排污行为、对周边空气质量进行有针对性的监测，待开展评估时常难以根据当时已有资料判断非法排放期间是否直接对发生地大气质量造成明显损害。这与地表水类事件有着极高的相似性。

在实际环境污染事件中，造成生态环境损害的情形复杂多样。生态环境损害是一个广义的定义，生态环境损害的最终结果是否可观测、是否可进行定量化测量并非判定是否存在生态环境损害的充分必要条件。因此，除可测量的直接导致生态环境受到损害的行为（如污染物浓度明显超过环境基线、环境动植物物种变化）外，非法持续排放污染物至环境中的行为也可被认定造成了生态环境损害。

除突发性环境污染事件外，确定大气污染类事件的排污事实时间具有滞后性，需现场调查确定的损害事实、超标情况等证据消失较快，并且在大气的湍流运动、气象、地形等叠加影响下，基线、因果关系的确认变得复杂，因此虚拟治理成本法是大气污染类事件中应用最广泛的评估方法。依据进入环境中的污染种类（类型），通过计算进入环境中的污染物浓度及排放量进行评估。

综上，虚拟治理成本法适用情形可总结为：

①非法排放废气等排放行为事实明确；

②损害事实不明确或以目前的技术手段无法准确判定因果关系或以合理的成本确定大气环境损害范围、程度和损害数额。

值得重点关注的是虚拟治理成本法不适用于可通过恢复费用法评估的情形，如突发环境事件，其实际发生的应急处置费用或治理费用明确、通过调查和评估可以确定。

虚拟治理成本法参照《生态环境损害鉴定评估技术指南　基础方法　第1部分：大气污染虚拟治理成本法》（GB/T 39793.1—2020）进行计算，损害数额公式如式（7-1）、式（7-2）所示：

$$D = E \times C \times \gamma \qquad (7\text{-}1)$$

$$\gamma = (\alpha \times \beta + \omega) \times \tau \qquad (7\text{-}2)$$

式中：D —— 大气污染生态环境损害数额，元；

E —— 大气污染物数量，t；

C —— 大气污染物单位治理成本，元/t；

γ —— 调整系数；

α —— 危害系数；

β —— 受体敏感系数；

ω —— 环境功能系数；

τ —— 超标系数。

虚拟治理成本法的重点在于确定非法排放大气污染物的数量、单位治理成本及调整系数。大气污染事件与其他类型污染事件明显不同的地方在于大气污染源除了固定源外，还包括移动源。因此，针对两种类型污染源，非法排放大气污染物数量的计算方法也不同。

针对固定源的计算方法包括实测浓度法与物料衡算法，在评估过程中推荐优先采用实测浓度法，但实际评估过程中由于大气污染消失快，取证时往往难以获得准确的浓度，因此在评估过程中可借助行政处罚书、在线监控报告、监督性监测报告、环评报告、排污许可报告、可行性研究报告、询问笔录、事件卷宗等相关资料综合分析确定污染物排放量。此外，实际事件中监测不及时、在线监控等数据缺失导致无法确定废气排放量的情况下，可综合分析原料、产品与大气污染物之间的定量转化关系，最终确定污染物量。

针对移动源污染，可采用里程能耗法，即根据大气污染移动源行驶里程和污染物排放浓度或燃料中污染物含量计算大气污染物排放量。其中，移动源行驶里程通过实际调查单个移动源的行驶里程后累加得到，污染物排放浓度或燃料中污染物含量通过实际路测或实验得到。

确定单位治理成本的方法包括实际调查法和成本函数法。其中，实际调查法通过实际调查，获得相同或邻近地区，相同或相近生产规模、生产工艺、产品类型、处理工艺的企业，治理相同或相近大气污染物，能够实现稳定达标排放的单位污染治理成本；成本函数法基于样本量足够大的实际调查或利用污染源普查、环境统计等数据库，可建立典型行业的主要大气污染物单位治理成本函数，并以此为基础计算特定行业的大气污染物单位治理成本。在实际评估过程中常选用实际调查法对单位治理成本进行核算，获取的手段较多，主要可通过市场调查或文献查阅等获取。

调整系数包括危害系数、受体敏感系数、环境功能系数及超标系数 4 种，其确定如下。

危害系数：按照《生态环境损害鉴定评估技术指南　基础方法　第 1 部分：大气污染虚拟治理成本法》（GB/T 39793.1—2020），大气污染物的危害系数及常见污染物危害系数分别如表 7-1、表 7-2 所示。

表 7-1　污染物危害分类和危害系数

危害类型	危害类别	危害系数
吸入危害	类别 1	1.75
	类别 2	1.5
严重眼损伤/眼刺激	类别 1	1.5
	类别 2	1.25
皮肤腐蚀刺激	类别 1	1.5
	类别 2	1.25
	类别 3	1
呼吸道或皮肤致敏	类别 1A	1.5
	类别 1B	1.25
急性毒性（接触途径为气体、蒸汽、粉尘和烟雾）	类别 1	2
	类别 2	1.75
	类别 3	1.5
	类别 4	1.25
	类别 5	1

表 7-2　常见污染物危害系数

序号	污染物	危害系数
1	PM_{10}、$PM_{2.5}$、二氧化硫、四氯乙烯、一氯甲烷、二氯甲烷、甲醇、乙腈、四氯化碳、联苯、铅、三氧化二砷、氮氧化物	1.25
2	一氧化碳、氯苯、二硫化碳、三氯甲烷、环氧乙烷、氟化氢	1.5
3	苯乙烯、甲苯、苯、二甲苯、苯酚、苯胺、硫化氢、氯化氢、氰、氯	1.75
4	氢氰酸、敌敌畏、汞、对硫磷、光气、镉	2

受体敏感系数：按照《生态环境损害鉴定评估技术指南　基础方法　第 1 部分：大气污染虚拟治理成本法》（GB/T 39793.1—2020），确定取值时需根据大气污染源与下风向区域中人群集聚地、自然保护区、农作物生长区等环境敏感点的距离确定受体敏感系数，具体取值如表 7-3 所示。

表 7-3　受体敏感系数推荐值

大气污染源与敏感区域距离 y/km	受体敏感系数
$y \leq 1$	1.5
$1 < y \leq 5$	1.2
$y > 5$	1

超标系数：根据大气污染物排放浓度超过国家或地方排放标准、综合排放标准的倍数确定超标系数。对于污染物浓度未超标但超过总量排放情形，超标系数取 1。其中，污染物浓度平均超标倍数 κ 按照式（7-3）计算。具体取值如表 7-4 所示。

$$\kappa = \frac{\overline{Z} - B}{B} \tag{7-3}$$

式中：κ —— 大气污染物浓度平均超标倍数；

$\overline{Z}$ —— 大气污染物平均折算质量浓度，mg/m^3；

B —— 标准排放浓度限值，mg/m^3；对于无排放标准的大气污染物，取 0。

表 7-4　超标系数推荐值

污染物浓度平均超标倍数 κ	超标系数 τ
$\kappa \leqslant 2$	1.1
$2 < \kappa \leqslant 5$	1.2
$5 < \kappa \leqslant 10$	1.3

环境功能系数：根据环境功能区确定环境功能系数，具体取值如表 7-5 所示。环境功能区类型以现状功能区为准，当环境功能区不明确时参考相关环境质量标准（包括征求意见稿）中的规定，Ⅰ类为自然保护区、风景名胜区和其他需要特殊保护的区域，Ⅱ类为居住区、商业交通居民混合区、文化区、工业区和农村地区。

表 7-5　环境功能系数推荐值

环境功能区类别	环境功能系数
Ⅰ类	2.5
Ⅱ类	1.5

7.3　典型案例

7.3.1　案情简介

该案发生于广东省汕头市金平区某公司。该公司主要经营火力发电和供热，厂内配有 2 台 220 t 燃水煤浆发电锅炉、2 台 50 MW 发电机组，年发电能力可达 6 亿 kW·h。该厂配备了锅炉尾气脱硫、脱硝及除尘设施，但治理效果较差，2010—2015 年长期处于超标排放状态。自 2010 年 1 月至 2015 年 5 月，该公司 1#锅炉烟尘、二氧化硫排放浓度和 2#锅炉二氧化硫排放浓度超过广东省地方标准《火电厂大气污染物排放标准》（DB44/612—2009）规定的排放限值。2014 年 7 月 1 日起执行《火电厂大气污染物排放标准》（GB 13223—2011）后，由于排放限值变严，该公司 1#锅炉及 2#锅炉尾气超标更加严重。该公司长期超标排放的大气污染物进入当地大气环境后，对区域空气质量造成不良影响。

7.3.2　生态环境损害鉴定评估过程及结果

（1）生态环境损害鉴定评估过程

为了解该公司非法排放的大气污染物量，评估过程中主要对该公司监督性监测报告、行政处罚决定书等开展详细调研。

经资料调研，该公司 17 份监督性监测报告显示 2010 年 1 月至 2015 年 5 月，该公司 1#锅炉尾气及 2#锅炉尾气均存在不同程度的超标情况。1#锅炉尾气的烟尘质量浓度为 49～855 mg/m^3，最大超标倍数为 27.5 倍，二氧化硫质量浓度为 666～2 050 mg/m^3，最大超标倍数为 8.95 倍，氮氧化物质量浓度为 257～695 mg/m^3，最大超标倍数为 0.54 倍；2#锅炉尾气的烟尘质量浓度为 34～1 490 mg/m^3，最大超标倍数为 48.7 倍，二氧化硫质量浓度为 224～2 520 mg/m^3，最大超标倍数为 11.6 倍，氮氧化物质量浓度为 205～831 mg/m^3，最大超标倍数为 3.15 倍。该公司虽配备了锅炉尾气脱硫、脱硝及除尘设施，但治理效果较差；2014 年 7 月 1 日，新标准执行后，由于排放限值变严，超标情况更加严重。

除监督性监测报告外，2010—2016 年，汕头市环境保护局连续对该公司作出行政处罚 23 次，主要行政处罚的原因包括 1#锅炉、2#锅炉的二氧化硫及烟尘超标等。由此可见，该公司非法排放大气污染物事实明确。由于该公司在过去几年中经常出现超标排放污染物情况，排放时间已过，无法采用实测法，评估过程中非法排放大气污染物量依据监督性监测报告数据及行政处罚数据分析确定。

考虑该公司 1#锅炉、2#锅炉的情况不尽相同，大气污染物超标情况各异，评估过程中分段、分状况，分别计算该时间段内排放的不同类别大气污染物的处理总成本，相加并通过虚拟治理成本法得到该公司所造成的生态环境损害数额。以两次确定超标的时间段作为计算时间段。即两次相邻的监督性监测同时出现同一锅炉同一指标超标时，该时间段即被认定为超标排放时间段。若不满足两次相邻监测同时超标，则不计算该时间段内超标排放量。并且若超标排放时间段中存在锅炉停运的情况，则锅炉停运时间到点火时间段（包括点火时间）不计算在超标排放时间内。

确定大气污染物量后，根据《汕头市人民政府关于调整汕头市环境空气质量功能区划的通知》（汕府〔2014〕145 号），确定该公司所在区域属于二类环境空气质量功能区，进一步确定调整系数，最后通过虚拟治理成本法确定生态环境损害数额。

（2）鉴定评估结果

由于在该公司非法排放期间未能及时、持续对周边空气质量进行有针对性的监测，且大气污染物容易随大气运动不断发生迁移，因此难以判断非法排放期间是否直接对发生地空气质量造成明显损害。但调查分析显示该公司非法排放污染物行为确定，结合虚拟治理成本法的适用范围，确定可采用虚拟治理成本法评估该案中因超标排放大气污染物至外环境中所导致的生态环境损害。经鉴定，该公司烟尘总超标排放量为 524 878.79 kg，二氧化硫总超标排放量为 6 719 299.34 kg，氮氧化物总超标排放量为 952 106.01 kg，造成的生态环境损害数额为 2 610.77 万元。

7.3.3 典型意义

（1）以维护公益为目的，夯实服务保障"六稳""六保"

该案办理过程中，广东省汕头市人民检察院与被告公司达成和解协议，被告已按协议约定支付了环境污染损失 2 610.77 万元，并在协议中承诺由其负担该案案件受理费，法院同意检察院《撤回起诉决定书》。通过和解实现公诉人在该案的全部诉讼请求，充分体现检察机关的公益诉讼工作诉讼不是目的、维护公益才是目的的理念。该案的和解撤诉助力实现稳就业、保就业，让企业"活下来""留得住""经营得好"。该案入选潮州市中级人民法院发布的服务保障"六稳""六保"典型案例。

（2）敢担当、善思考，造就大气污染案"标本意义"

该案是潮州市中级人民法院受理的首宗涉及大气污染的环境民事公益诉讼案件，也是潮州市中级人民法院受理的涉案标的额最大且跨区域的环境民事公益诉讼案件。在没有案例参照的情况下，充分践行"摸着石头过河""看准了的，就大胆地试，大胆地闯"的经验做法，胆大心细，不但实现案结事了，更及时回应社会公众对大气污染治理的关切，也对区域大气污染治理进行了有益的司法实践探索，推动该公司积极进行超低排放改造，为加快推进生态环境保护和绿色发展提供了有力的司法保障和有效的法律服务，同时对大气污染案有"标本意义"。

第 8 章

存在问题及展望

8.1 存在问题分析及总结

8.1.1 实体法与制度法规有待完善

我国生态环境损害责任法律制度逐步形成，上位法也已逐渐完备。2020 年颁布实施的《中华人民共和国民法典》，以及《中华人民共和国水污染防治法》《中华人民共和国环境保护法》《中华人民共和国海洋环境保护法》《中华人民共和国土壤污染防治法》《中华人民共和国固体废物污染环境防治法》等环境污染责任规定相关法律法规等，以及《最高人民法院关于审理生态环境损害赔偿事件的若干规定（试行）》《最高人民法院关于审理环境民事公益诉讼事件适用法律若干问题的解释》《最高人民法院关于审理环境侵权责任纠纷事件适用法律若干问题的解释》《最高人民法院 最高人民检察院关于检察公益诉讼事件适用法律若干问题的解释》《最高人民法院 最高人民检察院关于人民检察院提起刑事附带民事公益诉讼应否履行诉前公告程序问题的批复》《最高人民法院 最高人民检察院关于办理环境污染刑事事件适用法律若干问题的解释》等有关司法解释，对生态环境损害修复和赔偿的相关法律制度有更完整的规定。但受限于法律法规的完整性问题，仍存在法律规定比较分散、规范的一致性不足、具体可操作的实体法和程序法还有待继续补充的情况，这在实际司法过程中仍会存在一些实际问题，而此类问题通常只能在将来相关案例实践中逐渐完善。

8.1.2　评估标准体系适应性较差，覆盖面还不够广

2000 年起，我国的农业、渔业、海洋等管理部门开始针对环境污染造成损害的评估发布相关技术文件和系列技术指南。2014 年，环境保护部制定了《环境损害鉴定评估推荐方法（第Ⅱ版）》（环办〔2014〕90 号），开始对生态环境损害评估有了相对系统的方法推荐。2016 年发布的《生态环境损害鉴定评估技术指南总纲》（环办政法〔2016〕67 号）是纲领性指南。随后，陆续发布了针对突发环境事件及具体要素的指南，生态环境损害鉴定评估技术规范体系框架雏形开始形成，但由于环境公益损害的权责散落在环保、农业、海洋等不同部门，导致标准门类较多，标准体系分散，无法统一发挥作用。

生态环境部在 2020 年最新公布的生态环境损害鉴定评估有关指南中，仅针对土壤和地下水、地表水、沉积物及可利用虚拟治理成本法的水和大气损害评估制定了基础方法标准。实际上，在案件办理实践中遇到的情况远比指南中更复杂，尤其是森林、湿地、草原、冰川等生态系统和植物、陆生动物、水生生物等敏感要素的环境损害评估细则，以及包含人体健康损害的评估技术方法等尚有待研究制定，损害评估标准体系缺口较大。

由于环境损害案件的多变性和复杂性，生态环境损害鉴定评估过程中往往还存在许多需要根据技术规范进一步细化或实际情况与技术规范不相适应的问题。非专业从事生态环境损害鉴定评估的单位（如检察部门、公安部门、自然资源管理部门等）在将相关标准体系用于实际工作中时，灵活性与适应性等均有较大的提升空间。

8.1.3　评估先进技术缺乏，基线参数数据缺口大

生态环境损害评估结果常跨越时空，部分案件可能已经过长达数十年的时间，某一行为所导致的损害对象多样繁杂。生态环境损害鉴定评估过程中，会更具复杂性，实际操作难度也更大。生态环境损害鉴定评估是一项严肃的工作，尤

其是用于司法过程时，需严格遵循或参照环境调查、监测、鉴别等技术规范；生态环境损害鉴定评估过程中涉及污染源排查、迁移路径验证、因果关系分析、相关修复方案制定、损害数额量化等方面，需完成的事情多、时间长，对专业技术的要求严格，是一项多专业配合的复杂工作。

目前，生态环境损害鉴定评估领域的一些关键环节技术方法是值得继续完善的。如危险废物鉴别标准缺乏细化技术规范指导和约束、有毒物质定义缺乏配套鉴别标准、综合毒性判定缺乏标准方法，导致实际上部分危险废物鉴别结果与实际情况存在出入，甚至个别案例中出现因对标准理解存在差异导致判定结论相左的情况，一定程度上影响了鉴别的可信度。在鉴定评估之前，往往是生态环境执法部门先行执法，但在执法过程中受限于技术、仪器设备等原因，污染物快速检测仪器设备缺失、筛查标准不确定、非常规污染物（部分新污染物）的定性和定量分析检测方法缺乏等均可能导致生态环境损害调查的准确性与时效性受到制约。污染物在环境介质中的迁移转化过程是复杂的，对不同污染物所应用的专业模型差异很大，绝大部分污染物需具体问题具体分析，且由于环境介质复杂，即使建立相关模型，也会受到大量外在条件限制。此外，基础数据缺乏、难以支撑指南中关于损害评估方法的应用，大气和水污染治理成本等数据缺乏导致不同案件中采用虚拟治理成本法对地表水污染、大气污染、污染物倾倒等类型案件进行评估时其结果差异可以很大。土壤和地下水环境以及生物多样性基础调查数据匮乏，导致生态环境损害基线确认难度大。生态环境恢复案例和费用相关大数据缺乏，导致难以形成模式化的方案筛选与价值量化方法。

8.2　展望与建议

8.2.1　注重专业人才培养，完善法律法规、标准体系

环境执法、司法诉讼制度、环境调查、修复费用评估均具有很强的专业性，需各专业人员各司其职，环境专业的鉴定人员要给出科学、合理的鉴定意见，为法官公正裁判提供依据。生态环境损害鉴定评估需要综合环境科学、环境工程、生态学、环境经济学、环境法学、植物学、微生物学、土壤学等多方面的学科知

识与专业技术，因此需对鉴定人员开展多学科培训，并且合理配置司法鉴定人员，综合各方面专家为一体。

此外，在生态环境损害鉴定评估过程中，现场调查与检测分析是必不可少的重要环节，但生态环境损害具有随机性、广泛性、复杂性，对现场调查、环境监测人员提出了新的要求，如时效性、样品选取的代表性、监测点位的设立、特殊监测项目等。应加大人才建设和培养力度，对生态环境损害鉴定评估现场调查人员与环境监测人员提出培训和上岗的统一要求，提高专业性。

现有标准体系和技术路线仍不能满足复杂且多样化的生态环境损害鉴定评估工作，存在多种环境要素缺乏鉴定评估方法、相关技术方法不成熟等问题。应针对大气、噪声、振动、人体健康及生物系统等环境要素，提出相应的评估标准方法，规范生态环境损害鉴定评估技术。

8.2.2 加强科学研究，提供技术及数据支撑

我国成立了多家环境保护重点实验室，对环境污染控制、环境监测、资源利用、风险评估、环境模拟等领域开展专业技术研究。但目前，专业针对环境损害鉴定评估的重点实验室极少，无法为大气、地表水、土壤、地下水、动物、植物、生态系统等生态环境要素的生态环境损害鉴定评估、生态恢复、生态环境损害赔偿等工作提供完全对口的技术支撑。未来发展中，应加强生态环境损害鉴定评估，包括污染物快速识别与定性分析、污染物产生及在各类环境介质中迁移转化的模拟、污染物进入受体的过程和效应分析、污染治理或生态修复过程中的合理参数及服务功能价值评价参数研究等。

目前，生态环境损害案件发生后，通过司法途径判决、生态环境损害赔偿磋商等途径获得的生态环境损害赔偿金可用于确保受损的环境能够尽快得到修复。若现场不具备实施生态修复条件，如损害采用虚拟治理成本法评估情况，可开展替代修复。此外，生态环境损害赔偿金还可用于支付损害调查及鉴定评估费。对此，可尝试在生态环境损害赔偿金适用范围中加入科学研究金专项，供专业技术人员和科研机构申请，用于法律标准体系、环境标准规范、环境专业技术等方面的研究，加强生态环境损害司法鉴定的科学研究。